ESSAI MONOGRAPHIQUE

SUR

CENT CINQ ESPÈCES DE ROSIERS

APPARTENANT A LA FLORE DE LA FRANCE.

ESSAI MONOGRAPHIQUE

SUR CENT CINQ ESPÈCES

DE ROSIERS

APPARTENANT A LA FLORE DE LA FRANCE

PAR

M. Alfred DÉSÉGLISE

Titulaire non résident de la Société Académique de Maine et Loire,
correspondant des Sociétés Linnéennes de Lyon et de Bordeaux.

ANGERS

IMPRIMERIE DE COSNIER ET LACHÈSE

1861

ESSAI MONOGRAPHIQUE

SUR

CENT CINQ ESPÈCES DE ROSIERS

APPARTENANT A LA FLORE DE LA FRANCE.

Bien que, depuis le commencement de ce siècle, le genre Rosier ait été le sujet de plusieurs travaux importants, cependant les espèces européennes qui s'y rattachent sont loin d'être suffisamment éclaircies. La faute en doit être attribuée aux auteurs qui, lorsqu'ils voulurent embrasser l'ensemble de ces espèces, furent guidés par un système de réduction contraire à la nature et qui devait augmenter de plus en plus l'obscurité du sujet. **Desvaux**, dans un mémoire sur les rosiers de la France, publié en 1813, décrivit et figura deux beaux types, mais le reste de son travail n'offre qu'un rapprochement incohérent d'êtres disparates et de synonymes mal appliqués. Un reproche analogue peut être adressé à la monographie de Lindley, dont Pronville a donné une médiocre traduction française.

Le Rosacearum monographia publié par Trattinick en **1824**, embrasse la totalité des rosiers connus à cette époque, à fleurs simples ou doubles, dont il porte le nombre à 234 : tout ouvrage descriptif consacré à l'histoire naturelle doit être susceptible d'analyse, et les caractères qu'il présente doivent être autant que possible comparatifs. Cette qualité manque à l'ouvrage de Trattinick. La belle iconographie de Rédouté elle-même n'offre aux botanistes qu'un faible secours, tant ce livre laisse souvent à désirer, soit sous le rapport du texte, soit sous celui des figures.

Lorsque Seringe qui avait fait une étude particulière des rosiers de la Suisse, fut appelé à décrire les espèces de ce genre dans le Prodromus de de Candolle (1825), il suivit malheureusement les errements de ses devanciers, et malgré les précieux matériaux dont il pouvait disposer, il succomba sous le poids de la tâche qui lui était imposée. Le même malheur attend tous les monographes qui tenteront de condenser ce que la nature a séparé.

Cependant les matériaux d'une monographie générale avaient été successivement préparés par un grand nombre d'études partielles insérées soit dans des traités spéciaux, soit dans diverses flores locales. En Belgique, Lejeune, dans sa flore de Spa, et plus tard Dumortier, décrivirent plusieurs espèces que l'on doit s'étonner de voir complétement passées sous silence dans la flore récente de M. Matthieu et dans le *Manuel* de M. Crépin. Le premier devoir d'un floriste n'est-il pas de soumettre à une juste critique les travaux de ses prédécesseurs? Marschall de Bieberstein, dans son Flora Taurico-Caucasica (1808—1819), fit connaître les rosiers de l'Europe orientale ; Gmelin dans le flora Badensi-Alsatica (1805 – 1826) décrivit ceux de la région rhénane ; Rau, dans un traité spécial (Enumeratio rosarum 1816), donna des descriptions fort soignées des rosiers des environs de Wurtzbourg ; deux ans après Dematra étudiait ceux des environs de Fribourg ; Besser (Enumeratio plantarum Volhyniæ et Podoliæ, 1822) décrit 34 types sauvages, dont 22 espèces sont créées par lui.

En Suède, Fries; en Angleterre, Smith, Borrer, Voods, Hooker, fournissaient aussi leur contingent.

En 1820, Louis Reichenbach, l'un des botanistes les plus recommandables de notre temps, le digne précurseur de l'école du progrès, accumule dans un livre peu volumineux (Flora excursoria) une multitude d'observations précieuses et décrit 76 espèces de rosiers dont il facilite ainsi singulièrement l'étude. Ce beau travail fut dédaigné par Koch, dans son *Synopsis floræ germanicæ* (1837) ouvrage vanté outre mesure par certains botanistes, et dans lequel le genre qui nous occupe est traité de la manière la plus déplorable.

Les botanistes français ont pendant longtemps semblé hésiter à marcher dans la voie que les savants étrangers avaient frayée. Cependant de Candolle, dans la flore française (1805-1815), avait augmenté le nombre des espèces jusque là décrites; dans sa flore de Maine et Loire (1809-1812), Bastard avait prouvé qu'il avait étudié soigneusement les rosiers de l'Anjou, et avait établi quelques espèces acceptées par la nature. A Paris, la flore de Thuillier si longtemps dédaignée des savants, avait ouvert la route : Merat, dans sa *Nouvelle flore des environs de Paris* (1812), énumère 22 espèces de rosiers spontanés, dont 5 étaient nouvelles. Malheureusement, dans les éditions suivantes, l'auteur qui ne travaillait plus que sur des collections desséchées, abandonna ses premières vues et trouva plus facile de se renfermer dans le cercle étroit des espèces Linnéennes. En 1818, Leman publie dans le Bulletin philomatique une nouvelle classification des rosiers parisiens, au nombre de 21 espèces. L'absence de descriptions les eût condamnés peut-être à un oubli indéfini, si M. Boreau, possesseur d'exemplaires authentiques, n'en eût donné des descriptions qui permettent désormais de les classer avec certitude dans la série à laquelle elles se rattachent. En 1827, Chevallier, dans sa flore générale des environs de Paris, décrit 10 espèces principales, autour desquelles il groupe 26 variétés.

Comment se fait-il donc qu'après tous ces travaux MM. Cosson et Germain, dans leur Flore parisienne (1845), n'admettent que cinq espèces spontanées dans le vaste rayon qu'ils embrassent ! Le Mémoire de Léman paraît leur avoir été entièrement inconnu.... N'allons point chercher la lumière dans la seconde édition de cette flore : loin d'avoir profité du progrès accompli dans la science depuis seize ans, ce livre n'en paraît être qu'une continuelle négation !

Dans les deux dernières éditions de sa flore de la Normandie, M. de Brebisson mentionne les nombreuses formes des rosiers que produit cette région, mais il entasse la plupart d'entre elles comme variétés autour d'un petit nombre de types, et n'apporte ainsi aucun secours aux efforts des amateurs qui voudraient se livrer à l'étude de ce beau genre.

Ainsi, les différents travaux des botanistes qui se sont occupés de ce genre ont été jusqu'à ce jour totalement mis de côté par ceux qui s'obstinent à ne pas sortir du cadre restreint des espèces Linnéennes. Comme le dit avec raison M. Boreau dans un de ses Mémoires : « Je ne » puis m'expliquer sur quel motif s'appuient les botanistes » qui ne veulent admettre en ce genre que les espèces » Linnéennes, elles présentent tout autant d'intermé- » diaires et de variations que celles qui ont été établies » postérieurement à Linné. L'extrême facilité avec la- » quelle ce genre joue dans nos jardins, démontre le peu » de fixité des caractères, mais ne prouve pas la non exis- » tence des espèces. La nature et l'art suivent ici une » marche entièrement opposée. Celui qui aura étudié avec » quelque attention les rosiers de nos campagnes, ne tar-

» dera pas à se convaincre que c'est par un don purement » gratuit, que certains botanistes ont attribué au *rosa* » *canina* une si prodigieuse quantité de variétés. Il recon- » naîtra facilement que les différents types distingués » par les auteurs se retrouvent constamment les mêmes, » et qu'aucune observation positive ne démontre qu'ils » doivent être réunis plutôt à l'une qu'à l'autre des es- » pèces Linnéennes. Habituons-nous à étudier la nature » telle qu'elle est, et non telle que des auteurs systéma- » tiques l'ont faite dans leurs livres, et soyons persuadés, » en ce qui concerne le genre qui nous occupe, qu'on ne » parviendra pas à le débrouiller, tant que les diverses » formes seront réunies sous le vain titre de variétés (1). »

Il n'y a guère que depuis la publication de la 2e édition de la flore du Centre de la France, par M. Boreau, que ce genre a pu être facilement étudié, et je dois même dire que c'est le seul botaniste moderne qui se soit occupé de débrouiller nos espèces litigieuses. En 1844 M. Boreau publie, dans les actes de la Société industrielle d'Angers, quelques observations sur les rosiers indigènes de la France et déplore le dédain avec lequel ce genre est traité dans nos flores. Aussi fait-il un appel aux botanistes, qui fut reçu avec enthousiasme, car cinq années après, il donnait dans la 2e édit. de sa flore l'énumération et les caractères distinctifs de 61 espèces de roses sauvages pour 28 départements, compris dans son ouvrage. Vers la même époque paraissait la nouvelle flore de France de MM. Grenier et Godron, flore qui, d'après le prospectus distribué en novembre 1846, devait être plus complète que les flores précédentes et mise au niveau des découvertes de la science moderne. Cependant elle se trouve pour le genre

(1) Bulletin de la Société industrielle d'Angers, 7 janvier 1844 et Extrait, p. 8.

que nous traitons plus arriérée que la flore française de De Candolle qui décrit 34 rosiers spontanés, tandis que la flore de MM. Grenier et Godron n'en contient que 23. Il y a lieu de penser que les types ont manqué aux auteurs ; espérons qu'une étude plus approfondie qu'ils feront de ce genre viendra combler le vide qui existe dans leur flore au moyen du supplément que ces savants botanistes se proposent de publier.

M. Boreau, toujours attentif à la perfection de son livre, après neuf années d'un travail aussi assidu que consciencieux, a fait paraître en 1857 la 3e édition de la flore du Centre, ouvrage d'une haute portée scientifique et vivement attendu du monde botanique. Dans cette dernière édition, M. Boreau décrit un nombre considérable de plantes nouvelles, plusieurs genres sont complétement refaits, toujours avec cette rectitude de jugement qui élève le savant botaniste angevin à un des premiers rangs du monde scientifique. Ses écrits attestent un talent incontestable d'observation joint à une volonté ferme de faire triompher les bons principes. M. Boreau, dans cette 3e édition de sa flore du Centre, décrit pour 28 département 77 espèces de roses, que les partisans outrés de l'école Linnéenne rangeaient jusque là autour de trois ou quatre groupes en rejetant sur le compte du sol, ou du climat, et même de l'hybridité, les formes qui les embarrassaient et qu'ils ne voulaient pas chercher à distinguer.

Depuis 1847, époque où je me suis occupé de former la collection départementale des plantes du Cher, de prime abord j'ai été surpris des nombreuses formes que nos rosiers sauvages m'offraient. Je ne pouvais croire que toutes ces formes différentes les unes des autres dussent rentrer dans trois ou quatre types Linnéens. J'ai commencé à étudier ce genre en 1849, époque où M. Boreau a bien voulu me guider de ses savants conseils et m'honorer de son amitié. Je remercie sincèrement mon savant ami, pour l'affection dont il me donne journellement des marques, ainsi que des nombreux types de plantes dont il m'a gratifié, en enrichissant mes collections d'espèces rares et précieuses, car je ne puis ouvrir mon herbier, sans trouver à chaque page des preuves de sa munificence.

J'ai cherché, comme on le verra, à donner des caractères faciles à vérifier, qui tous sont apparents sur le végétal et que l'on y observe dans presque tout le temps de la végétation : ce sont la forme et la direction des aiguillons, leur abondance ou leur absence, la forme des folioles, leur état glabre ou velu, leurs dentelures simples ou doubles ; les pédoncules solitaires ou en corymbe, lisses ou hispides, les formes différentes du tube du calice; les sépales entiers ou pinnatifides, glabres ou hispides, caducs ou persistants, les styles glabres ou hérissés, courts et libres, ou saillants et en colonne.

Je n'ai nullement l'intention de donner la monographie complète du genre Rosa, reconnaissant de suite mon incapacité en semblable matière ; j'ai seulement voulu consigner le résultat de plusieurs années d'observations, en ne décrivant que les espèces que j'ai été à même de bien étudier, heureux si dans ce faible travail je puis jeter un peu de clarté sur ce beau genre, et s'il peut être utile à celui qui voudra entreprendre la monographie de nos roses françaises. J'ai suivi la classification de la flore du Centre, c'est elle qui me paraît la plus naturelle, parmi toutes celles qui ont été proposées jusqu'à ce jour. J'ai divisé cette classification en neuf sections afin de rendre les recherches moins pénibles, elles sont établies d'après la forme des styles, des feuilles qui sont glabres ou pubescentes, ou glanduleuses. Dans l'état actuel des choses il est très difficile de pouvoir faire une classification de

ce genre sur des bases solides (1). « Quand les roses spon-
» tanées seront bien connues, et que l'on aura trouvé les
» limites de ces formes si variées du genre *Rosa* qui exis-
» tent sur nos collines et dans nos bois, on aura trouvé,
» pour ainsi dire, la clef du genre. Alors il sera très facile
» d'apprécier toutes les roses cultivées et de ramener
» chacune d'entre elles à son type, en se servant des ca-
» ractères qui distinguent les espèces sauvages. Il en sera
» de même pour les genres *Prunus, Pyrus*, etc. ; lorsque
» l'étude des formes spontanées de ces genres sera bien
» faite, celle des formes cultivées n'offrira plus autant de
» difficulté. Cette marche me paraît la seule vraie, la seule
» scientifique et féconde; et si le résultat à peu près cer-
» tain auquel elle doit aboutir est de faire reconnaître
» qu'il existe des espèces distinctes, qui sont intimement
» liées les unes aux autres et séparées comme par des
» nuances, il devra être accepté nécessairement, dût-il
» ébranler quelques systèmes et renverser les opinions les
» plus accréditées. On y verra confirmée par de nouvelles
» preuves cette double loi d'unité et de variété qui se ré-
» vèle à nous de toutes parts dans l'étude des êtres et qui
» atteste avec évidence l'existence de deux principes des
» choses, principes toujours combinés, mais essentielle-
» ment divers et s'excluant même, de telle sorte qu'il
» est impossible d'admettre l'un sans l'autre ou de rap-
» porter l'un à l'autre, et que fonder un système sur l'u-
» nité radicale et absolue de tous les êtres, en ne voyant
» dans leur diversité qu'un simple effet d'une évolution
» dans l'unité, c'est lui donner pour base une absurdité
» non moins palpable que celle qu'implique la négation de
» l'ordre ou de la loi d'unité dans l'univers. »

(1) Jordan, Observations, fragment 6, p. 77.

ROSA.

Tourn. inst. 1, p. 636, t. 408; Lin. gen. n° 631; Lam. ill. tab. 440.

Calice urcéolé étranglé au sommet, à 5 divisions foliacées, dont 3 souvent pinnatifides; corolle à 5 pétales à préfloraison imbriquée-contournée; étamines nombreuses; carpelles ossiculés, de forme irrégulière, couverts de poils roides, renfermés dans le calice qui devient charnu à la maturité; styles libres et courts, tantôt plus longs, et soudés en colonne. Arbrisseaux chargés d'aiguillons, feuilles ailées avec impaire à folioles diversement dentées; stipules soudées à la base du pétiole; fleurs solitaires ou groupées en corymbe.

Section I. — SYNSTYLÆ.

Styles soudés ou rapprochés en colonne glabre ou hérissée.

A. Feuilles persistantes.

1. R. SEMPERVIRENS L.
2. R. SCANDENS Mill.
3. R. PROSTRATA Dc.

B. Feuilles deciduës, sépales du calice entiers ou 1-2 brièvement pinnatifides, styles soudés ou rapprochés en colonne saillante égalant ou dépassant les étamines.

4. R. BIBRACTEATA Bast.
5. R. ARVENSIS L.
6. R. REPENS Scop.

C. Feuilles deciduës, sépales tous pinnatifides, styles en colonne plus ou moins saillante.

7. R. FASTIGIATA Bast.
8. R. SYSTYLA Bast.

9. R. LEUCOCHROA Desv.
10. R. STYLOSA Desv.

SECTION II. — GALLICANÆ.

Aiguillons de plusieurs formes, rameaux plus ou moins chargés d'aiguillons grêles ou de soies courtes glanduleuses, feuilles orbiculaires ou ovales, plus ou moins coriaces, pâles ou blanchâtres en dessous, styles libres hérissés ou laineux ou rapprochés en colonne hérissée.

A. Styles rapprochés en colonne velue ou agglutinés en colonne hérissée de la longueur des étamines ou plus courte.

11. R. HYBRIDA Schl.
12. R. ARVINA Krock.

B. Styles libres hérissés.

13. R. GEMINATA Rau.
14. R. BORÆANA Béraud.
15. R. AUSTRIACA Crantz.
16. R. INCARNATA Mill.
17. R. VIRESCENS Déségl.
18. R. SYLVATICA Tausch.
19. R. DECIPIENS Bor.

C. Styles libres laineux.

20. R. GALLICA L.
21. R. PROVINCIALIS Ait.
22. R. PUMILA L. fil.
23. R. RURALIS Déségl.

SECTION III. — CINNAMOMEÆ.

Rameaux d'un brun cannelle, aiguillons des tiges droits, inégaux, subulés et sétacés non glanduleux, ceux des rameaux placés au bas des feuilles, sépales entiers longuement acuminés, persistants, pédoncules munis de très larges bractées, fleurs roses.

24. R. CINNAMOMEA L.

Section IV. — EGLANTERIÆ.

Feuilles un peu pubescentes et glanduleuses en dessous, fleurs grandes d'un beau jaune ou d'un jaune rouge en dedans.

25. LUTEA Miller.

Section V. — PIMPINELLIFOLIÆ.

Feuilles petites, glabres, coriaces, orbiculaires, arrondies ou ovales obtuses à peu près semblables à celles des poterium, tube du calice glabre ou hispide, styles libres, sépales persistants.

26. R. SPINOSISSIMA L. (1)
27. R. RIPARTII Déségl.
28. R. OZANONII Déségl.
29. R. SPRETA Déségl.
30. R. CONSIMILIS Déségl.
31. R. GLANDULOSA Bell.
32. R. MONTANA Vill.

Section VI. — ALPINÆ.

Tiges inermes ou faiblement armées d'aiguillons petits et fins, feuilles ovales elliptiques glabres, tube du calice oblong ou globuleux, glabre ou hispide, sépales entiers, styles libres hérissés ou velus, fleurs roses.

33 R. ALPINA L.
34. R. PYRENAICA Gou.
35. R. MONSPELIACA Gou.

(1) *Rosa myriacantha*. DC. doit se placer ici.

36. R PENDULINA Ait.
37. R. LAGENARIA Vill.
38. R. RUBRIFOLIA Vill.
39. R. REUTERI Godet.

SECTION VII. — CANINÆ.

Aiguillons épars, feuilles ovales ou orbiculaires, glabres ou velues, simplement ou doublement dentées, styles libres, courts ou un peu saillants, glabres ou hérissés, pédoncules glabres, velus ou un peu hispides. sépales pinnatifides caducs, peu sont persistants sur le fruit, fruit ovale ou sphérique, fleurs roses ou blanches.

A. Feuilles glabres, simplement dentées, pédoncules glabres, styles hérissés.

40. R. CANINA L.
41. R. TOURANGINIANA Déségl. et Rip.
42. R. RAMOSISSIMA Rau.
43. R. GLOBULARIS Franch.
44. R. SPHŒRICA Gren.
45. R. SCHULTZII Rip.... sépales persistants.
46. R ACIPHYLLA Rau.

B. Feuilles glabres, doublement dentées, pédoncules glabres styles hérissés.

47. R. MALMUNDARIENSIS Lej.
48. R. SQUARROSA Rau.
49. R. RUBELLIFLORA Rip.
50. R. RUBESCENS Rip.
51. R. DUMALIS Bechst.
52. R. BISERRATA Mérat.

C. Feuilles glabres simplement ou doublement dentées, pédoncules hispides, styles hérissés.

53. R. POUZINI Tratt..... styles glabres.
54. R. ANDEGAVENSIS Bast.

55. R. KOSINSCIANA Besser .... styles velus.
56. R. VERTICILLACANTHA Mérat.
57. R. ACHARII Bilb.
58. R. PSILOPHYLLA Rau.
59. R. MACRANTHA Desp.

D. Feuilles plus ou moins velues en dessus ou en dessous, pédoncules glabres, styles velus.

60. R. ERYTHRANTHA Bor.
61. R. OBTUSIFOLIA Desv........styles hérissés.
62. R. DUMETORUM Thuil. —
63. R. URBICA Lem.
64. R. PLATYPHYLLA Rau.
65. R. CORIIFOLIA Fries.

E. Feuilles plus ou moins velues, pédoncules velus ou hispides, styles hérissés.

66. R. CORYMBIFERA Borkh.
67. R. DESEGLISEI Bor.
68. R. COLLINA Jacq.
69. R. FRIEDLANDERIANA Besser.
70. R. ALBA L.

SECTION VIII. — RUBIGINOSÆ.

Feuilles plus ou moins chargées en dessous de glandes résineuses, styles libres, glabres ou hérissés, sépales pinnatifides, pédoncules lisses ou hispides, fleurs roses ou blanches, fruits ovoïdes, oblongs arrondis.

71. R. TOMENTELLA Lem.
72. R. BLONDÆANA Rip.
73. R. TRACHYPHYLLA Rau.
74. R. PUGETI Bor.
75. R. FLEXUOSA Rau.
76. R. JUNDZILLIANA Besser.

77. R. KLUKII Besser. Styles soudés un peu en colonne.
78. R. LEMANII Bor. —
79. R. LUGDUNENSIS Déségl.
80. R. SEPIUM Thuil.
81. R. AGRESTIS Savi. (1)
82. R. BITURIGENSIS Bor.
83. R. JORDANI Déségl.
84. R. PERMIXTA Déségl.
85. R. RUBIGINOSA L.
86. R. SEPTICOLA Déségl.
87. R. ECHINOCARPA Rip.
88. R. UMBELLATA Leers.
89. R. COMOSA Rip.
90. R. NEMOROSA Lib.
91. R. MICRANTHA Smith.
92. R. ROTUNDIFOLIA Rchb.
93. R. FŒTIDA Bast.
94. R. SPINULIFOLIA Dematra.
95. R. TEREBINTHINACEA Besser.

SECTION IV. — VILLOSÆ.

Feuilles ovales ou oblongues lancéolées, grisâtres pubescentes ou mollement velues sur les deux faces, sépales pinnatifides ou entiers, caducs ou persistants.

96. R. CUSPIDATA M. B.
97. R. DIMORPHA Besser.
98. R. TOMENTOSA Smith.
99. R. SUBGLOBOSA Smith.
100. R. ANDRZEIOUSKII Besser.
101. R. MOLLISSIMA Fries.
102. R. RESINOSA Sternb.

(1) *Rosa Seraphini*. Viv. doit se placer ici.

103. R. MINUTA Bor.
104. R. GRENIERII Déségl.
105. R. POMIFERA Herm.

SECTION I. — SYNSTYLÆ.

Styles soudés ou rapprochés en colonne glabre ou hérissée.

A. Feuilles persistantes.

1. R. SEMPERVIRENS L. sp. 704; Dc. fl. fr. 4, p. 446; Pers. syn. 2, p. 49, N° 24; Bor. fl. cent. éd. 2, N° 651, éd. 3, N° 813 et Cat. de Maine et Loire, p. 78; Gr. et Godr. fl. de Fr. 1, p. 555 (part.).

Arbrisseau à rameaux longs, flagelliformes, décombants, verts ou rougeâtres, aiguillons épars, rougeâtres, comprimés à la base puis arqués; pétioles glabres, canaliculés en dessus, aiguillonnés en dessous; 5-7 folioles, les latérales pétiolulées la terminale un peu arrondie à la base, persistantes, glabres, fermes, luisantes sur les deux faces, ovales acuminées, finement dentées en scie, les dents du bas incombantes, celles du sommet conniventes; stipules toutes semblables oblongues, glabres à bords glanduleux, oreillettes acuminées peu écartées; pédoncules longs, chargés de soies glanduleuses, rougeâtres, courtes, en corymbe au sommet des rameaux et munis de bractées ovales acuminées, glabres; tube du calice ovoïde couvert de glandes fines rougeâtres; sepales ovales-lancéolés, acuminés, entiers, cuspidés dont trois couverts de glandes fines, les deux autres d'une pubescence fauve au sommet et aux bords, plus courts que la corolle, réfléchis et caducs; styles soudés en colonne hérissée plus courte que les étamines; fleurs blanches presque inodores; fruits ovales rougeâtres. — Juillet, haies bois. — *Char.-Infér.*

Fourras (Guillon); — *Maine et Loire*, Angers, Chalonnes (Boreau); *Aude*, Montagne-Noire, le Mas-Cabardès (Ozanon).

2. R. SCANDENS Miller dict. N° 8; *R. sempervirens* Tratt. monog. ros. 2, p. 97 (non L.); Guss. syn. sicul. 1, p. 561; Rchb. fl. excurs. 2, p. 625, N° 4023; *R. moschata* Mutel fl. fr. 1, p. 357 (non L.).

Billot exs. N° 2258 !

Arbrisseau à aiguillons épars, courts, arqués; pétioles glabres canaliculés en dessus, aiguillonnés en dessous; 5-7 folioles *oblongues lancéolées ou ovales obtuses*, toutes pétiolées, acuminées ou obtuses, glabres, fermes, luisantes en dessus, persistantes, finement dentées à dents terminées par un mucron; stipules glabres à oreillettes acuminées peu écartées *bordées de quelques glandes*; pédoncules longs, solitaires ou en corymbe, chargés de soies glanduleuses, courtes, munis de 2 petites bractées opposées ovales acuminées, glabres; tube du calice *ovoïde ou subglobuleux*, chargé de soies glanduleuses; sépales *ovales cuspidés, entiers, couverts de glandes fines*, caducs, plus courts que la corolle; styles soudés en colonne *très hérissée presque velue dépassant les étamines*; fleurs blanches à *odeur suave*; fruit petit, *sphérique* d'un rouge sanguin. Espèce très voisine du *R. sempervirens* mais dont elle diffère par la forme différente de ses folioles, ses stipules plus étroites et presque dépourvues de glandes aux bords, ses sépales plus courts, entiers et tous glanduleux, ses styles en colonne plus hérissée et dépassant les étamines, sa fleuraison plus précoce, ses fleurs à odeur suave et son fruit petit, sphérique, d'un rouge sanguin.

C'est cette espèce qui est le *R. sempervirens* des botanistes d'*Italie* et de *Sicile*. Mai, haies— *Var*. Le Luc (Hanry.).

3. R. PROSTRATA Dc. Cat. Monsp. p. 138 et fl. fr. 5, p. 536; Lindley monog. p. 118; *R. arvensis* var. *prostrata*. Seringe

in Dc. prod. 2, p. 597 ; Lois. gall. 1, p. 359 ; *R. arvensis candolleana*. Tratt. monog. 2, p. 104; *R. sempervirens* var. *prostrata*. Desv. jour. bot. (1813), t. 2, p. 113 ; Pronv. monog. ros. p. 118 ; Mutel fl. fr. 1, p. 357; *R. scandens F. prostrata* Wallr. hist. ros. p. 195.

Arbrisseau à tiges *couchées peu aiguillonnées*, aiguillons épars, dilatés à la base, inclinés au sommet, opposés, ceux des jeunes rameaux petits et presque droits ou légèrement inclinés ; pétioles glabres, canaliculés en dessus, aiguillonnés en dessous ; 5-7 folioles assez *petites*, toutes pétiolées, la terminale un peu arrondie à la base ou se rétrécissant, persistantes, glabres, fermes, luisantes, *ovales, aiguës*, acuminées à *pointe recourbée*, finement dentées en scie à dents terminées par un petit mucron ; stipules étroites glabres à oreillettes droites ; pédoncules longs solitaires ou en corymbe peu fourni, chargés de soies glanduleuses, rougeâtres et munies à leur base de deux petites bractées opposées, ovales acuminées, glabres ; tube du *calice oblong*, couvert de glandes fines rougeâtres ; sépales ovales-lancéolés, *entiers*, glanduleux, saillants sur le bouton et plus courts que la corolle ; styles en colonne *glabre* ou un peu hérissée à la base, atteignant les étamines ; fleurs blanches.

Il diffère du *R. sempervirens* par ses tiges couchées moins aiguillonnées, ses folioles beaucoup plus petites, le tube du calice oblong, ses sépales entiers tous glanduleux, ses styles en colonne glabre, sa fleuraison plus précoce. Il diffère du *R. scandens* par ses feuilles ovales aiguës, le tube du calice oblong, ses styles en colonne glabre. Il diffère aussi des *R. bibracteata* et *arvensis* par ses feuilles persistantes, ses pétioles glabres, etc. Mai. — *Haute-Gar*, Toulouse (Dc.) ; *Var*, Le Luc ! (Haury) ; — *Hérault*, Béziers ? (*Jullien*.).

La plante de Béziers a la feuille petite, les aiguillons

très peu dilatés droits, les styles soudés en colonne hérissée, les pédoncules presque dépourvus de glandes, peut-être *R. microphylla.* Dc. ? M. Grenier dans sa flore ne fait nullement mention de ces deux dernières espèces.

Obs. R. Dupontii Nob ; *R. nivea.* Dupont (non Dc.) ; *R. moschata* b. *rosea.* Seringe in Dc. prod. 2, p. 598.

Arbrisseau à rameaux rougeâtres parsemés de rares petits aiguillons sétacés ; pétioles canaliculés en dessus presque inermes, velus, glanduleux ; 3-5 folioles larges, ovales cuspidées, arrondies à la base, fermes, coriaces, glabres, luisantes en dessus, glaucescentes pubescentes en dessous, simplement dentées à dents ciliées, les folioles latérales pétiolées, la terminale un peu en cœur à la base ; stipules étroites à oreillettes divergentes ; pédoncules allongés en corymbe peu fourni, velus, parsemés de petites glandes et munis de deux bractées lancéolées pubescentes ; tube du calice glabre, grêle, oblong ; sépales pinnatifides acuminés, glabres en dessus, tomenteux en dedans, réfléchis plus courts que la corolle ; styles en colonne velue, plus longue que les étamines ; corolle à pétales grands obcordés d'un blanc lavé de rose.

Il diffère du *R. moschata* par les feuilles largement ovales pubescentes en dessous, les pédoncules à villosité moins abondante et parsemés de glandes, le tube du calice et les sépales glabres, non pubescents velus et par les fleurs d'un rose pâle. — Juin. Haies — *Maine et Loire.* Angers, aux fourneaux à chaux, et transplanté au jardin botanique d'une haie aujourd'hui détruite (Boreau) ; peut-être cette espèce se retrouvera-t-elle ailleurs.

B. Feuilles deciduës, sépales du calice entiers ou 1-2 brièvement pinnatifides, styles soudés ou rapprochés en colonne saillante égalant ou dépassant les étamines.

4. R. bibracteata Bast. in Dc. fl. fr., 5, p. 537 ; Tratt. monog. ros. 2, p. 46 ; Bor., fl. cent., éd. 2, n° 652, éd. 3,

n° 814 et Cat. Maine-et-Loire, p. 78; *R. arvensis*, var. *bi-bracteata*. Ser. in Dc. prod. 2, p. 597; Lois. gall. 1., p. 359; Bor. l. c., éd. 1, v. 2, p. 135; *R. arvensis*, var. *multiflora*. Bor., mém. Soc. ind. d'Angers (1841), extr., p. 9; *R. arvensis*, var. *bracteata*. Gr. et Godr. fl. de Fr., 1, p. 555; *R arvensis* b. *umbellata*. Godet, fl. Jura, p. 217.

Billot, exs., n° 1870!

Arbrisseau à rameaux dressés, d'un vert glaucescent ou violacé, aiguillons épars, courts, dilatés à la base, un peu arqués au sommet, souvent rougeâtres; pétioles pubescents, un peu glanduleux, aiguillonnés en dessous; 5-7 folioles ovales, pointues, nerveuses, glabres, fermes, luisantes en dessus, plus pâles en dessous, simplement dentées en scie, toutes pétiolées, la terminale arrondie à la base; stipules glanduleuses sur les bords à oreillettes droites; pédoncules en corymbe parsemés de glandes violacées très fines et munis de 1-2 bractées opposées, oblongues, aiguës, glabres, plus courtes que les pédoncules; tube du calice ovoïde, glabre ou parsemé de glandes courtes; sépales entiers, quelques-uns un peu pinnatifides, ovales, appendiculés au sommet, plus ou moins parsemés de glandes, tomenteux en dedans, plus courts que la corolle, réfléchis et caducs; styles soudés ou rapprochés en colonne glabre; fleurs d'un blanc rosé ou blanches.

Cette espèce par son port ressemble au *R. sempervirens*; mais elle en diffère par ses feuilles non persistantes et ses styles réunis en une colonne glabre non hérissée; le dernier caractère la rapproche du R. prostrata, mais elle s'en distingue par sa tige droite, ses pétioles pubescents et un peu glanduleux, ses folioles deciduës pâles en dessous. — Mai, juin. Haies. — *Vendée*, Fontenay-le-Comte. (Letourneux.) — *Maine et Loire*, Angers. (Boreau.)

Obs. Linné décrit ainsi son R. arvensis : *Germinibus*

globosis, pedunculisque glabris, caule petiolisque aculeatis, floribus cymosis. L. mant. 240.

Ce n'est pas la plante de la plupart des auteurs; car cette espèce se trouve décrite dans nos flores avec des pédoncules chargés de glandes pédicellées, caractère qui ne peut convenir à la phrase diagnostique de Linné, que Murray reproduit dans son *Systema* (1774), p. 394. Allioni, fl. Pedem., nº 1796, se contente de rapporter la phrase de Linné en y ajoutant en synonyme *R. candida* Scop.; mais sans aucune critique ni description pour la plante qu'il a en vue. Villars, fl. Dauph., 3, p. 548, décrit ainsi son *R. arvensis : Cette espèce est rampante comme une ronce, ses feuilles sont petites, arrondies, ses fleurs sont blanches, sans odeur, portées sur des pédoncules lisses en ombelle. Elle est très commune dans les plaines, parmi les clôtures et dans les fossés.* Si Villars avait vu des pédoncules couverts de glandes, il n'eût certainement pas oublié d'en faire la remarque. Krocker, fl. siles., 2, p. 141, décrit longuement son *R. arvensis*, et ne lui reconnaît que des pédoncules glabres et non glanduleux. Gilibert, pl. d'Europ. 1, p. 582, dit : *pédoncules lisses*, *germes arrondis*. Persoon, syn. 2, p. 47, et Thuillier, fl. Paris, 250, ne donnent au *R. arvensis* que des *pédoncules glabres*. Smith., fl. brit., 2, p. 538, donne la phrase de Linné, et dans sa description pour la plante d'Angleterre, il dit : *pedunculi glanduloso-scabri*, ce qui ne peut se rapporter à l'espèce de Linné. Decandolle décrit aussi son *R. arvensis*, fl. fr., 4, p. 438, avec des *pédicelles légèrement garnis de poils glanduleux*. Mérat, fl. Par. (1812), p. 189, attribue à son *R. arvensis* des *pédoncules velus*, et dans la 4e édit. de sa flore, il ne fait aucune mention des pédoncules, s'ils sont glabres ou hispides. Desvaux, fl. Anj., p. 325, ne fait aucune mention de la forme des pédoncules, et dans son journal botanique (1813), p. 113, il dit : pédoncules *plus ou moins glan-*

duleux. Trattinick, monog. ros., 2, p. 103, dit des pédoncules : *pedunculi plerumque glandulosi.* Balbis, fl. Lyon., 1, p. 256, dit aussi pédoncules *légèrement garnis de poils glanduleux.* M. Boreau, fl. cent., donne au *R. arvensis : pédoncules ord. chargés de glandes violacées.* Ainsi tout ce qui se trouve généralement décrit dans nos flores, sous le nom de *R. arvensis*, est une espèce distincte de celle de Linné et décrite en 1772 par Scopoli (*R. repens*), espèce qui a été adoptée par plusieurs auteurs, et qu'il serait plus rationnel de reprendre, tout en laissant le nom de *R. arvensis* à l'espèce décrite par Linné, et que je crois très peu répandue dans les herbiers et peut-être connue de peu de botanistes! Je ne la connais que dans le Cher! Tout ce que j'ai reçu sous le nom de *R. arvensis*, tant de France que d'Allemagne, n'est que le *R. repens* Scop.

5. R. ARVENSIS. L. mant., 240; Murray, syst. (1774), p. 394; All., fl. Pedem., n° 1796; Vill., Dauph., 3, p. 548; Krocker, fl. Siles., 2, p. 141; Gilib., pl. d'Europ., 1, p. 582; Thuil., Par., 250; Pers., syn., 2, p. 47; *R. candida.* Scop, fl. Carn., 1, p. 354.

Arbrisseau à rameaux *allongés ou tombants,* aiguillons épars, faibles, courts, un peu comprimés à la base, droits; 5-7 folioles *non persistantes, ovales ou arrondies*, vertes, celles du sommet souvent rougeâtres, glabres ou *parsemées de poils apprimés, qui disparaissent avec l'âge*, en dessous elles sont pâles, glaucescentes, *à nervure médiane velue,* simplement dentées, à dents ouvertes et terminées par un mucron; pétioles *pubescents*, *inermes* ou ayant de rares petits aiguillons sétacés; stipules oblongues, ciliées au sommet, bordées de glandes fines, oreillettes pointues, divergentes; pédoncules solitaires très longs, *lisses et glabres,* verts ou d'un rouge violacé et munis d'une petite bractée lancéolée, glabre; tube du calice *glabre, subglobuleux;* sépales courts, ovales, verts, glabres, à bords tomenteux, cuspidés, entiers ou 1-2 un peu pinnatifides; styles soudés en colonne glabre, dépassant les étamines; fleurs blanches.

Il diffère du *R. bibracteata* par ses rameaux allongés et tombants, ses folioles deciduës à nervure médiane velue, ses pétioles seulement pubescents et presque inermes, ses pédoncules glabres et le tube du calice subglobuleux. Il diffère aussi du *R. repens*, par ses pétioles dépourvus de glandes, ses pédoncules glabres et le tube du calice subglobuleux non ovale. Juin. Bois. — Cher, — bois de Marmagne, forêt du Rhin-du-Bois. R.

6. R. REPENS Scop. fl. Carn. 1. p. 355. (1772); Gmel. fl. Bad-Als. 2, p. 418, n° 760; Rau en ros. p. 40; Rechb. fl. excurs. n° 4021; Mutel. fl. fr. 1, p. 356; *R. serpens*. Wibel fl. Werth. p. 265; *R. arvensis* Dc. fl. fr. 4, p. 438 (non Linn.); Smith fl. Brit. 2, p. 538; Desv. jour. bot. (1813) p. 113; Tratt. monog. ros. 2, p. 103; Bor. fl. Cent. éd. 1, n° 400, éd. 2, n° 653, éd. 3, n° 815 et Cat. M.-et-L. p. 78; Godet fl. Jura, p. 216; *R. sylvestris* Roth catal. bot. fasc. 1, p. 59; *R. canina* b *sylvestris* Roth fl. Germ. 2, p. 560; *R. fusca* Mœnch. meth. p. 688.

Wirtgen exs. n° 82!

Arbrisseau tortueux, bas, à rameaux tombants, allongés ou rampants, souvent radicants, d'un rouge violacé, garni d'aiguillons épars, comprimés, dilatés à la base, crochus, ceux des rameaux florifères à peine recourbés; 5-7 folioles ovales elliptiques ou arrondies, concolores, d'un vert sombre et presque glabres en dessus, pâles, glaucescentes en dessous, à nervure médiane velue, largement dentées en scie à dents ouvertes et terminées par un mucron; pétioles pubescents *parsemés de quelques glandes stipitées, aiguillonnés en dessous;* stipules ciliées glanduleuses à oreillettes aiguës *droites peu écartées;* pédoncules allongés, solitaires ou en corymbe, *scabres plus ou moins chargés de glandes violacées*, non *glabres*, entourés de petites bractées rougeâtres ou vertes, ovales acuminées, glabres, bordées de glandes fines; tube du calice d'une couleur pruineuse, *ovale* glabre; sépales courts, entiers cuspidés ou 1-2, un peu pinnatifides, glabres non persistants, plus courts que la corolle; styles glabres soudés en colonne égalant les étamines; fleurs blanches; fruit *rouge presque pyriforme*.—Juin. Haies, Bois, Landes. — *Vosges*, forêt de Rambervillers; — *Sarthe*, Saint-Pavin-des-Champs (Boreau); — *M. et L.*, Soucelles (Boreau); — *Loiret*, Orléans (Jullien); — *Cher*, Quincy, Allouis, bois de Marmagne, forêt du Rhin-du-Bois, Mehun, Berry, etc., CC.

Obs. J'ai reçu de la Prusse, de M. Wirtgen, un *Rosa arvensis* exs. nº 180, à fleurs roses (*R. glauca* Dierb.). — M. Boreau m'a aussi envoyé de Alexin, près Mayenne (Mayenne), la même plante, différente de la *R. repens* par ses pédoncules peu pourvus de glandes, ses fleurs roses. Je ne connais pas les fruits. Si c'était le *R. glauca* Dierb. il faudrait changer ce nom, celui de Villars étant plus ancien.

C. Feuilles deciduës, sépales tous pinnatifides, styles en colonne plus ou moins saillante.

7. R. fastigiata Bast. suppl. fl. de Maine-et-Loire, p. 30; Dc. fl. fr. 5, p. 535; *R. canina* var. *fastigiata* Desv. jour. bot. (1813) 2, p. 114; Seringe in. Dc. prod. 2, p. 613.

Arbrisseau *robuste*, *touffu*, *élevé*, les jeunes rameaux quelquefois rougeâtres, aiguillons forts, courts, dilatés à la base, crochus ou courbés; pétioles pubescents, faiblement aiguillonnés en dessous; 5-7 folioles *ovales lancéolées*, *glabres luisantes en dessus*, *pubescentes en dessous*, toutes pétiolées, la terminale ovale arrondie à la base et terminée en pointe courte au sommet ou lancéolée, aiguë aux deux extrémités, simplement dentées; stipules étroites *pubescentes*, ciliées, oreillettes aiguës divergentes; pédoncules solitaires ou en corymbe, hérissés de *soies glanduleuses rougeâtres*, portant à leur base des bractées lancéolées acuminées, glabres bordées de glandes, plus longues ou plus courtes que les pédoncules; tube du calice glabre, ovale; sépales 3 pinnatifides et 2 entiers, glabres, saillants sur le bouton, plus courts que la corolle, réfléchis et caducs; *styles en colonne glabre, courte et peu saillante*; fleurs roses, fruit *ovale arrondi*, rouge.

Il diffère du *R. repens* par ses tiges droites et non rampantes, ses folioles ovales-lancéolées, glabres en dessus, pubescentes en dessous, ses styles en colonne courte et peu saillante, ses fleurs roses, son fruit plus gros, ovale arrondi. — Juin, juillet. Haies. — *Rhône*, Lyon à Couzon (Ozanon); — *Saône-et-Loire*, Parepas, près d'Autun (Carion), Chalons-sur-Saône (Ozanon); — *Cher*, Boursac, près d'Allogny, Mehun, la Servanterie, Berry, la Chapelle-Saint-Ursin; — *Loiret*, le Briou, près Jouy-en-Sologne (Jullien); — *Vienne*, Montmorillon (Chaboisseau herb. Ozanon).

8. R. SYSTYLA Bast. suppl. fl. de M.-et-L. (1812), p. 31; Bor. fl. Cent. éd. 2, n° 654, éd. 3, n° 816 et Act. Soc. ind. d'Angers (1844) extr. p. 9 et Cat. Maine-et-Loire, p. 78; Deségl. in Billot annot fl. de Fr. et d'All. (1855), p. 9; *R. leucochroa* var. *angustata* Desv. jour. bot. (1813) 2. p. 113.

Billot exs. n° 1663!

Arbrisseau robuste, à rameaux flexueux, dressés, verts, à aiguillons forts, courts, crochus et fortement dilatés à la base; 5-7 folioles *ovales-aiguës ou ovales-lancéolées*, toutes pétiolées, d'un vert foncé, luisantes en dessus et *pubescentes en dessous seulement sur les nervures*, simplement dentées à dents terminées quelques-unes par une glande, les autres par un mucron ; pétioles pubescents, sillonnés en dessus, aiguillonnés en dessous ; stipules ciliées et bordées de glandes à oreillettes aiguës peu divergentes ; pédoncules solitaires ou en corymbe, hérissés de soies glanduleuses rougeâtres, portant à leur base des bractées différentes ; celles qui entourent les corymbes sont ovales-lancéolées, appendiculées et dentées au sommet plus longues que les pédoncules, glabres, les autres qui se trouvent placées à la base des pédoncules sont plus étroites et plus courtes : tube du calice ovoïde, glabre ; sépales lancéolés, *pinnatifides,* non persistants ; styles réunis en colonne glabre et *saillante* · fleurs d'un rose clair ; fruit *ovoïde* d'un rouge sanguin. Voisine de la *R. fastigiata* dont elle diffère par ses folioles seulement pubescentes en dessous sur les nervures, ses sépales tous pinnatifides, ses styles en colonne saillante et son fruit ovoïde. Elle diffère aussi de la *R. leucochroa* par ses aiguillons plus robustes, ses feuilles restant toujours vertes, ses pédoncules plus hérissés et ses fleurs roses dépourvues d'onglet jaunâtre à la base des pétales.—Mai, juin. Haies. — *Rhône*, Lyon, route de la Tour de Salvigny (Boreau) ; — *Indre*, Châteauroux (Boreau) ; — *Cher*, C. Francheville, Villeneuve-Jardin, près Brécy, Trouy, Morthomier, Culan, Verdun, forêt d'Allogny, Saint-Eloi-de-Gy, Graire, Commune de Berry, bois de Rouet et Vignes de Couët, Commune de Mehun, la Servanterie, bois d'Yèvre ; — *Loiret*, Ardon-en-Sologne (Jullien).

9. R. LEUCOCHROA. Desv., jour. bot. (1810), 2, p. 316, et (1813) 2, p. 113, pl. XV ; Dc., cat. Monsp., p. 138 ; Bor., bull. Soc. ind. d'Angers (1844), extr., p. 9, et fl. cent., éd. 2, n° 655, éd. 3, n° 817, et Cat. Maine et Loire, p. 78 ; *R. brevistyla*, a. Dc., fl. fr., 5, p. 537 ; Tratt, monog. ros., 2, p. 47 ; *R. stylosa,* b. Ser. in Dub. bot., 176 ; *R. systyla*. Godet, Jura, 216, part.

Arbrisseau élevé, touffu, à rameaux étalés, verts; aiguillons dilatés à la base, crochus: pétioles pubescents, sillonnés en dessus, aiguillonnés en dessous; 5-7 folioles *ovales pointues*, vertes luisantes en dessus, *prenant une teinte jaunâtre en été*, nerveuses, pubescentes en dessous sur les nervures, simplement dentées à dents ouvertes, toutes pétiolées, la terminale un peu arrondie à la base; stipules *ciliées et glanduleuses* à oreillettes un peu divergentes; pédoncules hispides, solitaires ou en corymbe, munis de bractées ovales acuminées, glabres, et souvent plus longues qu'eux; tube du calice glabre *oblong*; sépales lancéolés, pinnatifides glabres, non persistants; styles glabres, *réunis en colonne plus ou moins saillante*; fleurs blanches *à onglets jaunâtres;* fruit ovoïde d'un rouge orangé. — Mai, juin. Haies. — *Rhône*, Lyon à Charbonnière (Boreau). — *Cher*, Saint-Martin-d'Auxigny, Valio, commune de Berry, la Maison-Neuve, commune de Marmagne, Saint-Florent. — *Maine et Loire*, Angers (Boreau).

10. R. STYLOSA. Desv., jour. bot. (1813), 2, p. 113, pl. XIV; Dc., cat. Monsp., p. 138, et fl. fr., 5, p. 536; Lois., Gall., 1, p. 363; Rchb., fl. excurs., 2, p. 624, n° 4020; Mutel, fl. fr., 1, p. 355; Bor., bull. Soc, ind. d'Angers (1844), extr., p. 9, et fl. cent., éd. 2, n° 656, éd. 3, n° 818, et Cat. Maine et Loire, p. 78; Déségl. in Billot, arch., fl. de Fr. et d'All., p. 334.

Billot, exs., n° 1483!

Arbrisseau droit à rameaux verts ou d'un brun foncé, aiguillons nombreux dilatés à la base, arqués; pétioles pubescents, *ayant quelques glandes*, aiguillonnés en dessous; 5-7 folioles toutes pétiolées, la terminale plus ou moins arrondie à la base, *ovales aiguës ou ovales arrondies, pointues*, vertes et légèrement *velues en dessus*, *couvertes en dessous d'une pubescence apprimée*, dentées en scie à dents ouvertes, *glanduleuses;* stipules ciliées glanduleuses, les supérieures très dilatées; pédoncules solitaires ou en corymbe, hérissés de soies glanduleuses, munis de bractées lancéolées, acuminées, ciliées; tube du calice ovoïde, lisse ou hispide à la base; sépales pinnatifides, appendiculés, glabres, tomenteux aux bords, dépassant le bouton, réfléchis, non persistants; styles réunis en colonne glabre; fleurs blanches à *anthères très jaunes*; fruit ovoïde.

Il diffère du *R. leucochroa* par un port différent, ses folioles pubescentes et restant toujours vertes, ses pétioles un peu glanduleux, le tube du calice ovoïde, ses pétales blancs à onglet non jaunâtre. Il se distingue aussi du *R. fastigiata;* par ses pétioles plus velus, ses folioles ovales, aiguës, ses stipules ciliées, glanduleuses, ses fleurs blanches. — Mai, juin. Haies, bois. RR. — *Cher*, forêts du Rhin du bois, d'Allogny (Ripart), La Touche, commune de Mehun. — *Maine et Loire*, Villebernier et Angers (Boreau).

SECT. II. GALLICANÆ.

Aiguillons de plusieurs formes, rameaux plus ou moins chargés d'aiguillons grêles ou de soies courtes, glanduleuses; feuilles ovales ou orbiculaires, plus ou moins coriaces, pâles, blanchâtres en dessous; styles libres, hérissés ou laineux ou rapprochés en colonne hérissée.

A. Styles rapprochés en colonne velue ou agglutinés en colonne hérissée de la longueur des étamines ou plus courts.

11. R. HYBRIDA. Schleicher, cat. 1815 (non Vill., nec Tratt.); Rchb., fl. excurs., n° 4017? Mutel, fl. fr., 1, p. 355? Bor., bull. Soc. ind. d'Ang. (1844), extr., p. 10, et fl. cent., éd. 2, n° 660, éd. 3, n° 829; Gr. et Godr., fl. de Fr., 1, p. 553; *R. gallica*, var. *hybrida*. Ser. in Dc., prod. 2,

p. 603 (exl. syn. Rau et Gmel.); Godet, fl. Jura, p. 207; *R. Axmanni.* Gmel., fl. Bad-als., 4, p. 367?

Schultz exs., n° 1446, et herb. norm., n° 47!

Sous-arbrisseau grêle à rameaux portant des aiguillons inégaux, dilatés à la base, arqués, *entremêlés de soies glanduleuses;* pétioles pubescents glanduleux, aiguillonnés; 5-7 folioles toutes pétiolées, la terminale un peu en cœur à la base, ovales aiguës, ou arrondies, glabres, vertes en dessus, *blanchâtres*, *pubescentes en dessous*, simplement dentées, surchargées de quelques dents accessoires glanduleuses; stipules étroites, glanduleuses, à oreillettes peu divergentes; pédoncules *hispides, glanduleux*, portant à leur base une petite bractée ovale, acuminée; tube du calice grêle, obovale, hispide, glanduleux; sépales peu découpés, à appendices linéaires, acuminés et parsemés de glandes et un peu tomenteux sur les bords, plus courts que le bouton, réfléchis, non persistants; styles *rapprochés en colonne velue de la longueur des étamines*; pétales grands, émarginés d'un rose clair d'abord, passant vite au blanc; fruit ovoïde d'un rouge orangé. — Juin. Bois. R. — *Cher*, forêt du Brouard, près Levet, bois de Givray, commune de Trouy, bois de Marmagne, bois des Granges et de Charron, commune de Marmagne. — *Rhône*, Lyon, à Charbonnière, bois de l'Etoile (Boreau).

12. R. ARVINA Krocker, fl. Siles. 2, p. 150, N° 781; Tratt. monog. ros. 1, p. 56; Rau, enum. ros. p. 106; Rchb. fl. excurs. 2, p. 623, N° 4011; Bor. bull. soc. ind. d'Angers (1844), extr. p. 10 et fl. cent. éd. 2. N° 661, éd. 3, N° 830 et Cat. Maine et Loire p. 79; Gonnet fl. élém. de Fr. p. 482; Gr. et Godr. fl. de Fr. 1, p. 554.

Sous-arbrisseau à rameaux un peu livides, *les uns inermes* et les autres armés de petits aiguillons grêles aigus et de soies glanduleuses; pétioles pubescents glanduleux, munis en dessous d'aiguillons sétacés; 3-5 folioles, les latérales courtement pétiolées, la terminale arrondie à la base, ovales aiguës ou ovales obtuses, glabres, vertes en dessus, pâles en dessous, *nerveuses à nervure médiane chargée de glandes*, dentées en scie à dents ouvertes surchargées de petites glandes stipitées ; stipules étroites glanduleuses aux bords, glabres, à oreillettes très courtes et presque droites ; pédoncules ordinairement solitaires hispides glanduleux ; tube du calice ovoïde *glabre ou hispide à la base* ; sépales ovales lancéolés acuminés, 3 pinnatifides 2 entiers, tomenteux en dedans et sur les bords, parsemés de glandes en dessus, beaucoup plus courts que la corolle, réfléchis ; styles *agglutinés en colonne hérissée plus courte* que les étamines ; pétales obcordés d'un beau rose ; fruit ovoïde, glabre. Il diffère du *R. hybrida* par ses rameaux qui ne sont pas aiguillonnés, ses folioles non blanchâtres en dessous et à côte glanduleuse, ses stipules plus étroites, le tube du calice glabre, les styles en colonne hérissée plus courte que les étamines. La forme des styles des *R. hybrida* et *arvina*, rapproche ces deux plantes de la section des *systylæ*, mais ils ne sont pas soudés ; par la forme de leurs feuilles et des aiguillons ils appartiennent à la section des *gallicanæ*, dont ils font une division leurs styles n'étant pas libres. — Juin. R R. — *Maine-et-Loire* Angers (Boreau.).

B. Styles libres hérissés.

13. R. GEMINATA Rau, enum. p. 98 et p. 169 ; Tratt. monog. ros. 2, p. 29 ; Rchb. fl. excurs. N° 4018 ; Bor. bull. soc. ind. d'Angers (1844) extr. p. 10 et fl. cent. éd. 2, N° 658, éd. 3, N° 820 ; Gr. et Godr. fl. de Fr. 1, p. 553.

Arbrisseau à rameaux rougeâtres longs retombants, à aiguillons épars, inégaux, ceux des rameaux florifères dégénérant au sommet en soies glanduleuses ; pétioles pubescents glanduleux, munis en dessous de rares petits aiguillons; stipules glabres en dessus, pubescentes en dessous, ciliées-glanduleuses à oreillettes divergentes; 3-7 folioles *orbiculaires* ou *ovales obtuses*, vertes, glabres en dessus, *pubescentes en dessous*, nerveuses, coriaces, crénelées, à dents simples ou surchargées de petites dents glanduleuses, toutes pétiolées, la terminale arrondie ou en coin à la base ; pédoncules longs de 1-4 en corymbe, hispides glanduleux, portant à leur base une bractée étroite et plus courte qu'eux ; tube du calice ovoïde, violacé, glanduleux à la base ; sépales rougeâtres, ovales courts, cuspidés, appendiculés, tomenteux au sommet et bordés de petites glandes, réfléchis, non persistants, plus courts que la corolle ; styles *libres hérissés* presque aussi longs que les étamines ; pétales blancs, rosés au sommet, fruit *arrondi*, rouge. — Juin. Haies. R. R. — *Rhône*, Lyon, à Dardily (Boreau) ; — *Cher*, Aubigny (Delastre).

14. R. BORÆANA Béraud. Mém. soc. agr. d'Angers, tom. 5, p. 353 ; Bor. fl. cent. éd. 2, N° 659, éd. 3, N° 821 et Cat. Maine et Loire, p. 78.

Arbrisseau élevé à rameaux verts, hérissés d'aiguillons rougeâtres, épars, grêles, peu dilatés, cylindracés, presque droits, entremêlés au sommet des rameaux de soies et de glandes rougeâtres ; pétiole chargé de glandes et de quelques petits aiguillons; stipules ciliées glanduleuses, à oreillettes acuminées un peu divergentes ; 3-7 (souvent 5) folioles ovales ou ovales-lancéolées pointues, glabres, un peu luisantes, plus pâles en dessous, à nervures principales chargées de quelques glandes et de poils rares qui disparaissent avec l'âge, largement dentées en scie à dents surchargées de petites glandes ; pédoncules de 1 à 4 en corymbe, bien plus longs que leurs bractées, inermes, mais chargés de glandes ainsi que le calice, tube presque globuleux, sépales ovales lancéolés acuminés, entiers et brièvement pinnatifides ; styles courts, libres, hérissés, s'élevant au dessus d'un disque convexe ; fleurs très grandes (6 à 8 cent. de diamèt.) d'un rose clair d'abord, puis d'un blanc lavé de rose surtout sur les bords ; fruit arrondi d'un rouge sale, mûr et pulpeux dès la fin de septembre, carpelles sessiles ovales oblongs. *Boreau*, l. c.

Cette espèce diffère du *R. geminata*, par ses pétioles seulement *glanduleux*, ses folioles grandes, *ovales-lancéolées, pointues, glabres, à nervures principales chargées de quelques glandes et de poils qui disparaissent avec l'âge*, largement dentées, le tube du calice presque *globuleux*, ses fleurs *très grandes*, son fruit plus gros *d'un rouge sale*.

Il diffère aussi du *R. Gallica*, par son port *plus élevé*, ses feuilles plus grandes, vertes, glabres, *non* blanchâtres en dessous, le tube du calice *globuleux*, ses pédoncules *inermes* et *seulement* chargés de glandes, ses styles *hérissés*, ses fleurs d'un *rose clair* puis d'un *blanc lavé de rose* surtout sur les bords, son fruit d'un rouge sale plus précoce.

Il se distingue encore du *R. Provincialis* ; par la forme différente de ses aiguillons, ses folioles *ovales-lancéolées* pointues, *simplement* dentées et ses fleurs qui ne sont pas d'un *rouge foncé* avec des *nuances veloutées*. — Juin. Haies. RR — *Maine et Loire*. Angers (Boreau).

15. R. Austriaca Crantz stirp. aust. fasc. 2, p. 86 ; Tratt. mog. ros. 1, p. 61 ; Bor. fl. cent. éd. N° 824 ; *R. pumila*. Jacq. fl. Aust. 2, p. 59 (non L. f.) ; Wallr. ann. Bot. p. 62. N° 130 ; *R. pumila* b *hispida*. Rau. enum. p. 116.

Sous-arbrisseau bas à aiguillons grêles inégaux, les plus forts recourbés, les plus petits droits, rameaux florifères ascendants couverts d'aiguillons et de glandes, pétioles rouges principalement à leur base, pubescents glanduleux sillonnés en dessus et munis de fins aiguillons en dessous ; stipules *étroites* glanduleuses à oreillettes divergentes ; 5 folioles *orbiculaires obtuses ou elliptiques*, vertes ou *rougeâtres*, glabres en dessus, *blanches tomenteuses en dessous*.

à nervure médiane glanduleuse, *doublement* dentées à dents glanduleuses, toutes pétiolées, la terminale arrondie à la base ; pédoncules terminaux solitaires, uniflores, hispides glanduleux ; tube du calice *obovale hispide* ; sépales caducs, peu découpés, 3 pinnatifides, 2 entiers, glanduleux, atténués en *appendice dépassant* la corolle ; styles hérissés ; fleurs d'un beau *rose à onglets blanchâtres brillants!* fruit rouge rétréci à la base et persistant. Il diffère du ***R. incarnata***, par ses rameaux couverts d'aiguillons, ses folioles orbiculaires, blanches tomenteuses en dessous, doublement dentées, le tube du calice obovale hispide, ses fleurs roses à onglets blanchâtres brillants. Il diffère aussi du ***R. Gallica***, par ses folioles plus petites orbiculaires rougeâtres en dessus, doublement dentées, le tube du calice obovale, les styles courts seulement hérissés et la corolle différente. Il se rapproche aussi du ***R. pumila*** ; mais il en diffère en ce sens, que le ***R. pumila*** a ses folioles ovales-obtuses ou aiguës, le tube du calice ovale-globuleux, ses sépales lancéolés à appendices non foliacés, ses styles laineux ; son fruit pyriforme. — Juin. Lieux incultes, Bois. RR. — *Rhône*, Lyon à Charbonnière, bois de l'Étoile (Boreau). — *Cher*, bois de la Grange-Saint-Jean près Levet, vignes de la Chapelle-Saint-Ursin, près Bourges.

16. R. INCARNATA Miller, dict. n° 19; Bor. fl. cent. éd. 2, n° 663, éd. 3, n° 826.

Arbrisseau peu élevé, à rameaux dressés, un peu diffus, *inermes*, hérissés au sommet de petites glandes; pétioles pubescents glanduleux, inermes ou munis de petits aiguillons fins sétacés, 3-5 folioles *ovales-elliptiques*, toutes pétiolées. La terminale arrondie ou en coin à la base et terminée en pointe au sommet, vertes en dessus, *pâles glaucescentes en dessous*, nerveuses à nervure médiane glanduleuse, dentées en scie à dents surdentées glanduleuses; stipules lancéolées glanduleuses à oreillettes aiguës; pédoncules solitaires, *forts et un peu épaissis au sommet*, hispides glanduleux; tube du calice ovoïde, *rétréci aux deux extrémités*, hérissé de soies glanduleuses; sépales ovales-lancéolés, acuminés, 3 pinnatifides, à appendices courts, 2 entiers, glabres en dessus, tomenteux en dedans et sur les bords, plus courts que la corolle, réfléchis, non persistants, styles libres hérissés; fleurs assez grandes, d'un beau rose clair; fruit de moyenne grosseur, ovoïde arrondi, d'un rouge sale.

Il diffère du *R. Gallica* par ses rameaux inermes, le tube du calice rétréci aux deux extrémités, ses styles seulement hérissés s'élevant d'un disque très petit, ses corolles d'un rose clair et non d'un rouge très foncé. — Juin, juillet. Bois. R. — *Rhône*, Lyon, bois avant le vallon de Dardilly (Boreau); — *Cher*, bois de Contremoret, près Bourges, bois de Marmagne, bois de Givray, commune de Trouy (Ripart).

Obs. M. Boreau, flore du Centre, indique cette espèce dans le département de Loir-et-Cher. — Cheverny, Fontaines, en Sologne.

17. R. virescens Nob.; *R. Gallica*. Auct. pro parte.

Sous-arbrisseau à aiguillons *très rares*, droits ou recourbés, les jeunes rameaux presque *inermes et parsemés au sommet de glandes fines stipitées*; pétioles pubescents glanduleux, sillonnés en dessus seulement à la base et faiblement aiguillonnés en dessous; 3-5 folioles *oblongues-lancéolées aiguës*, glabres d'un *vert pâle* en dessus, grisâtres en dessous, rugueuses à nervures très saillantes, *glabres* ayant la côte *légèrement velue et parsemée de rares glandes fines*, doublement dentées à dents accessoires glanduleuses, toutes pétiolées, la terminale arrondie à la base; stipules étroites *glabres*, bordées de glandes à oreillettes aiguës peu divergentes, pédoncules glanduleux, ordinairement solitaires; tube du calice *ovoïde, glabre, hispide à la base*;

sépales lancéolés spatulés au sommet, entiers et pinnatifides à appendices étroits linéaires, tomenteux aux bords et bordés de glandes fines, plus courts que la corolle, réfléchis, non persistants; styles libres, courts, *hérissés s'élevant du centre d'un disque peu saillant*; pétales grands *rouges* avec *des nuances veloutées*; fruit ovoïde.

Il diffère du *R. incarnata* par ses folioles oblongues-lancéolées d'un vert pâle à côte légèrement velue et peu glanduleuse, ses stipules étroites glabres, le tube du calice ovoïde, non rétréci aux deux extrémités, seulement hispide à la base, ses fleurs rouges avec des nuances veloutées. Il diffère du *R. decipiens* par ses tiges et ses rameaux presque inermes, ses folioles oblongues, non ovales arrondies, glabres en dessous et très nerveuses, ses stipules glabres, le tube du calice ovoïde non obovale arrondi resserré aux deux extrémités. La forme de ses styles le fait distinguer des *rosa Gallica*, *Provincialis* et *pumila*. Il diffère du *R. Gallica* par ses folioles oblongues-lancéolées, glabres en dessous, d'un vert pâle en dessus, doublement dentées, ses stipules glabres à oreillettes droites, le tube du calice hispide à la base seulement, ses sépales moins chargés de glandes, ses styles hérissés non *laineux*. Il diffère du *R. pumila* par ses rameaux presque inermes, ses folioles oblongues-lancéolées *non ovales obtuses*, glabres en dessous, le tube du calice ovoïde *non ovale globuleux* et seulement hispide à la base, ses pétales rouges avec des nuances veloutées, *non d'un rouge vif*, son fruit ovoïde *non pyriforme*. Il se distingue aussi du *R. ruralis* par ses folioles oblongues *non ovales-aiguës*, plus nerveuses, doublement dentées, le tube du calice ovoïde *non globuleux atténué à la base*, les styles hérissés courts, ses pétales qui ne sont pas d'un rose vif jaunâtres à l'onglet. — Juin, juillet. Haies. — *Loiret*, Saint-Jean-Leblanc (Jullien).

18. R. SYLVATICA Tausch in Diar. bot. flor. dicto ann.

2, t. 2, p. 464; Tratt. Monog. ros. 1, p. 58; Bor. fl. cent. éd. 3, n° 827 et Cat. Maine-et-Loire, p. 78; *R. pulchella* Bor. fl. cent. éd. 2, n° 662; Guépin, fl. de Maine-et-Loire (1850), Sup. p. 36 (non Willd.).

Sous-arbrisseau à rameaux rougeâtres, dressés, *armés* d'aiguillons épars, inégaux, blancs ou rougeâtres au sommet des tiges, droits, arqués et portant en outre des soies rougeâtres; 5-7 folioles fermes, *ovales-aiguës et obtuses, les supérieures plus larges et un peu en cœur à la base*, toutes pétiolées, vertes, glabres en dessus, *blanchâtres et pubescentes en dessous* à nervure médiane un peu glanduleuse, *inégalement* dentées à dents surchargées de glandes accessoires; pétioles pubescents glanduleux et munis de très petits aiguillons; stipules *larges lancéolées, serrulées*, glanduleuses à oreillettes droites; pédoncules hispides en bouquets terminaux, munis de bractées lancéolées, glabres, bordées de glandes et plus courtes que les pédoncules; tube du calice ovoïde arrondi, rougeâtre, hispide à la base; sépales courts, 3 pinnatifides à appendices étroits, 2 entiers, bordés de glandes, tomenteux au sommet, réfléchis, plus courts que la corolle; styles hérissés *en faisceau plus court que les étamines;* pétales grands obcordés d'un beau rose. Il diffère du *R. incarnata* par ses tiges armées d'aiguillons, ses folioles ovales-aiguës et obtuses blanchâtres pubescentes en dessous inégalement dentées, ses stipules plus larges, ses pédoncules en bouquets, ses sépales dépourvus de glandes aux bords, ses styles s'élevant d'un disque tronqué et peu saillant. Il diffère aussi du *R decipiens* par ses folioles ovales-aiguës, ses stipules plus larges, le tube du calice ovoïde arrondi, ses appendices moins étroits. — Juin. Bois taillis. R. — *Cher*, bois de Marmagne! Saint-Florent!

19. R. DECIPIENS Bor. fl. cent. éd. 3, N° 828.

Sous-arbrisseau bas étalé, à rameaux dressés, fermes,

armés d'aiguillons épars, un peu arqués plus grêles et mêlés de soies glanduleuses au sommet ; pétioles pubescents glanduleux à aiguillons petits et rares ; 5-7 folioles *ovales arrondies obtuses* ou *ovales elliptiques*, vertes en dessus, pâles, blanchâtres et pubescentes en dessous à côte glanduleuse, à *dents de scie ouvertes* plus ou moins surchargées de glandes accessoires, toutes pétiolées, la terminale arrondie à la base ou un peu rétrécie ; stipules *étroites* glanduleuses à oreillettes peu divergentes ; pédoncules glanduleux solitaires ou réunis 2-4 sur le même point et alors portant à leur base une petite bractée étroite acuminée et plus courte que les pédoncules ; tube du calice violacé, obovale-arrondi, *resserré aux deux extrémités*, glabre ou hispide à la base ; sépales courts ovales acuminés, pinnatifides à appendices étroits, glabres, bordés de quelques petites glandes, tomenteux sur les bords réfléchis, plus courts que la corolle ; styles hérissés plus courts que les étamines, *s'élevant d'un disque un peu saillant* ; pétales obcordés roses. Il diffère du *R. sylvatica* ; par ses folioles ovales arrondies à dents plus ouvertes, ses stipules étroites, le tube du calice resserré aux deux extrémités. Il diffère aussi du *R. pumila* ; par ses folioles plus obtuses, ses sépales du calice plus étroits, glabres, plus courts que la corolle, ses styles hérissés non laineux, sa corolle rose non d'un rouge vif. — Juin, juillet. Bois. — *Cher*, bois de Marmagne ! bois de la Grange-Saint-Jean, près Levet !

C. Styles libres laineux.

20. R. Gallica L. Sp. 705 ; Tratt. monog. ros. 1, p. 30 ; Rchb. fl. excurs. N° 4010 ; Bor. fl. cent. éd. 3, N° 822 ; *R. Gallica sylvestris*. auct.

Billot. exs. N° 354 bis !

Sous-arbrisseau droit à rameaux verdâtres, un peu flexueux, aiguillons *petits inégaux, nombreux*, *entremêlés de soies glanduleuses qui disparaissent avec l'âge*; pétioles velus glanduleux, faiblement aiguillonnés; 5 folioles toutes pétiolées, la terminale arrondie à la base et ord. terminée en pointe au sommet, *discolores, dures, coriaces. ovales-elliptiques ou obtuses*, vertes et glabres en dessus, blanchâtres, *rugueuses, velues en dessous* à nervures très apparentes, la médiane glanduleuse, bordées de dents presque simples *ciliées* et *surchargées* de glandules; stipules allongées, glanduleuses à oreillettes aiguës divergentes; pédoncules solitaires couverts de soies glanduleuses; tube du calice *ovoïde* glanduleux; sépales entiers ou 3 pinnatifides lancéolés spatulés au sommet, 2 entiers plus larges acuminés et quelquefois plus courts que les trois autres, glanduleux, réfléchis, caducs; styles laineux, fleur d'un *rouge très foncé*; fruit arrondi, coriace, rougeâtre. — Juin. — *Rhône*, Pont d'Alaï, près Lyon (Boullu.); — *Cher*, R. Marmagne, forêt du Rhin-du-Bois, près Jarry; — *Loir et Cher*, parc du Breuil et Garnison, commune de Cour-Cheverny (Franchet).

21. R. PROVINCIALIS. Ait. Kew., éd. 2, p. 294; Wild., sp. 2, p. 1070; Pers., syn. 2, p. 48; Bor., fl. cent., éd. 3, n° 823, et Cat. Maine et Loire, p. 78.

Sous-arbrisseau à rameaux rougeâtres, grêles, dressés, plus ou moins chargés *de soies glanduleuses*, aiguillons *faibles, rares, inclinés*; pétioles pubescents glanduleux, inermes, canaliculés en dessus; 3-5 folioles presque *orbiculaires ou ovales* et un peu pointues, toutes pétiolées, la terminale en cœur à la base, coriaces, vertes, glabres en dessus, blanchâtres, pubescentes en dessous, à nervures saillantes, doublement dentées à dents glanduleuses; stipules étroites, glanduleuses, à oreillettes divergentes; pédoncules solitaires, chargés de glandes; tube du calice ovale, globuleux, *étranglé au sommet*, glanduleux; sépales du calice pinnatifides, à appendices foliacés, pubescents et parsemés de glandes, ne dépassant pas le bouton, plus courts que la corolle, réfléchis, caducs; styles laineux s'élevant d'un disque tronqué égalant presque les étamines; pétales *grands*, *rouges foncés*, *avec des nuances veloutées*, souvent semi-doubles; fruit coriace, *rougeâtre*, globuleux.

Il diffère du *R. gallica* par ses aiguillons moins abondants et plus faibles, ses folioles orbiculaires dépourvues de glandes sur la côte, doublement dentées, le tube du calice ovale, globuleux, étranglé au sommet, ses sépales à appendices foliacés, ses pétales plus grands et nuancés. Il diffère aussi du *R. pumila* par ses folioles plus grandes et non glanduleuses sur la côte, ses pétales rouges-foncés, nuancés et son fruit globuleux, non arrondi, pyriforme. — Mai, juin. *Var*, Le Luc (Hanry); — *Cher*, Marmagne (Ripart); — *Loir-et-Cher*, Spont? parc du Breuil, commune de Cheverny (Franchet).

22. R. PUMILA L., fil. sup., 262; Scop. Carn., 1, p. 353; Gmel., Bad. als., 4, p. 364; Rau, énum. ros., p. 112 (exl. var. b.); Tratt., monog. ros., 1, p. 45; Rchb., fl. excurs., 2, p. 622, n° 4009; Bor., fl. cent., éd. 3, n° 825; Guss., syn. Sicul., 1, p. 562; *R. Gallica*, auct. pro part.

Billot, exs., n° 354, pro part. (1).

Sous-arbrisseau à racine rampante, à tiges souvent simples, droites, *parsemées au sommet d'aiguillons subulés*,

(1) Il y a une confusion dans le n° distribué par M. Billot, venant des forêts du mont Hasselberg (Franconie). L'échantillon en fruit est bien le *R. pumila*; mais celui en fleur est le *R. Austriaca* Crantz. Sa fleur, ses styles courts hérissés, ses feuilles orbiculaires, les sépales du calice, sont ceux de la plante de Crantz. C'est sans doute une erreur de la part de M. Billot, car les styles de l'échantillon en fruit sont longs et laineux, les feuilles sont ovales obtuses. Il serait à désirer de voir republier ces deux plantes de la même localité!

grêles, droits ou recourbés et de glandes stipitées; pétioles pubescents, glanduleux et hispides; 3-5 folioles fermes, petites, souvent pliées, *ovales, obtuses ou aiguës*, les inférieures *obovales*, pétiolées, la terminale arrondie à la base, glabres en dessus, glaucescentes, blanchâtres en dessous, velues, nerveuses, à nervure médiane glanduleuse, doublement dentées à dents glanduleuses; stipules étroites, glanduleuses, à oreillettes aiguës, divergentes; pédoncules solitaires, glanduleux, tube du calice *ovale-globuleux*, glanduleux; sépales ovales-lancéolés, entiers ou 3 pinnatifides à appendices étroits, linéaires et 2 entiers, couverts de glandes fines, égalant presque la corolle, réfléchis, puis caducs; styles laineux; corolle grande, suave, à pétales d'un *rouge vif, pâles en dehors et à l'onglet*; fruit *pyriforme* d'un rouge orange, hispide et persistant longtemps.

Il diffère du *R. Gallica* par ses tiges souvent simples, parsemées d'aiguillons grêles, subulés, les folioles plus petites, ovales, obtuses ou aiguës, doublement dentées, le tube du calice ovale-globuleux, son fruit pyriforme. Il diffère du *R. Provincialis* par ses folioles qui ne sont pas orbiculaires et qui ont la côte glanduleuse, le tube du calice non étranglé au sommet, sa fleur d'un rouge vif et non d'un rouge foncé, avec des nuances veloutées, son fruit pyriforme.

Juin, juillet. Bois, bords des vignes, pacages. — *Cher*, bois de Givray, commune de Trouy (Ripart), bois de Marmagne, bois de Charron, commune de Marmagne; — *Loir-et-Cher*, les Chandeliers, commune de Cour-Cheverny (Franchet).

23. R. RURALIS. Nob., *R. Gallica*, auct., pr. part.

Sous-arbrisseau à rameaux un peu flexueux, grêles, *inermes*, hérissés au sommet d'aiguillons fins, sétacés et de glandes stipitées, très peu abondants; pétioles velus, glanduleux, canaliculés en dessus, un peu aiguillonnés en dessous; 3-5 folioles *ovales-aiguës*, terminées en pointe, les inférieures *ovales-arrondies*, toutes pétiolées, la terminale arrondie à la base et terminée en pointe souvent recourbée, ou un peu en cœur et obtuse au sommet, fermes, coriaces, vertes en dessus, d'un *vert blanchâtre, glaucescent* en dessous, *glabres*, à côte seulement *velue glanduleuse*, nervéuses, *à dents ouvertes*, *surchargées* de dents accessoires et de glandes fines; stipules étroites, *glabres*, bordées de glandes à oreillettes *acuminées*, *droites*; pédoncules ordinairement solitaires glanduleux; tube du calice *globuleux atténué à la base*, hispide, glanduleux; sépales lancéolés, acuminés, à appendices étroits, linéaires, plus courts que la corolle, réfléchis, glanduleux, non persistants; styles laineux, disque court; pétales grands, obcordés, d'un *rose vif, à onglet jaunâtre*, fruit arrondi, hispide.

Il diffère du *R. pumila* par ses folioles ovales aiguës, glabres et d'un vert blanchâtre en dessous à côte seulement velue, ses stipules à oreillettes droites, le tube du calice globuleux, les pétales roses jaunâtres à l'onglet et son fruit non pyriforme, mais arrondi. Il diffère du *R. Gallica* par ses aiguillons beaucoup moins nombreux sur les rameaux, ses folioles ovales-aiguës, glabres en dessous, seulement velues sur la côte, ses stipules-glabres, le tube du calice globuleux et ses fleurs qui ne sont pas d'un rouge très foncé. Il diffère aussi du *R. Provincialis* par ses folioles qui ne sont pas orbiculaires, glabres en dessous et non pubescentes, ses stipules glabres à oreillettes droites, son tube du calice globuleux, atténué à la base et non étranglé au sommet, les pétales roses à onglet jaunâtre et non rouge foncé avec des nuances veloutées. — Juin, juillet. — *Cher*, pacage de la Servanterie, au bords du Cher, près Mehun! Moulon, commune de Bourges (Blondeau, 1830!).

Section III. — CINNAMOMEÆ.

Rameaux d'un brun cannelle, aiguillons des tiges droits, inégaux, subulés et sétacés non glanduleux, ceux des rameaux placés au bas des feuilles; sépales entiers longuement acuminés, persistants; pédoncules munis de très larges bractées, fleurs roses.

24. R. cinnamomea L. sp. 703; Leers fl. herb., p. 118; Krocker fl. Siles. 2, p. 141; Dc. fl. fr. 4, p. 439; Gmel. fl. Bad.-Als. 2, p. 411; Pers. syn. 2, p. 47; Rau enum. ros., p. 52; Tratt. Monog. ros. 2, p. 171; Pronv. Monog. ros., p. 43; Lois. fl. Gall. 1, p. 358; Rchb. fl. excurs. 2, p. 614, n° 3962; Mutel fl. fr. 1, p. 347; Bor. fl. cent. éd. 1, n° 410, éd. 2, n° 666, éd. 3, n° 831; Koch syn. 248; Gonnet fl. élém. de Fr., p. 477; Gr. et Godr. fl. de Fr. 1, p. 556; *R. majalis* Herm. diss. ros., p. 8; Retz. obs. bot. fasc. 3, p. 33; *R collincola* Ehrhart beitr. 2, p. 70; *R. cinnamomea* Var. *collincola* Seringe in Dc. prod. 2, p. 605; *R. simplex* Scop. fl. carn. 1, p. 353.

Schultz exs. n° 648!

Arbrisseau de 1 à 2 mètres, à rameaux d'un brun cannelle; aiguillons des tiges nombreux, droits, inégaux, caducs, ceux des rameaux plus robustes arqués, placés à la base des feuilles; pétioles pubescents glanduleux, presque inermes; 5-7 folioles ovales-oblongues, pubescentes sur les deux faces, grisâtres en dessous, dentées en scie à dents ciliées, toutes pétiolées, la terminale rétrécie ou un peu arrondie à la base, stipules des rameaux stériles enroulées sur leurs bords, linéaires, celles des rameaux floraux dilatées, larges, glabres, glanduleuses sur les bords à oreillettes divergentes; pédoncules courts, glabres, en corymbe et enveloppés par de larges bractées glabres, à bords glanduleux; tube du calice globuleux, glabre, d'une couleur pruineuse; sépales du calice entiers hispides glanduleux, tomenteux sur les bords, longuement acuminés en pointe lancéolée et ciliée, égalant la corolle, persistants; styles hérissés plus courts que les étamines; fleurs roses (1). — Mai, juin. — Indiquée dans la Lorraine, le Jura, la Creuse, par M. Grenier, fl. de Fr.; — *Puy-de-Dôme*, entre Sainte-Marguerite et le pont de Longue (Lecoq et Lam., cat. d'Auverg.).

Section IV. — EGLANTERIÆ.

Feuilles un peu pubescentes et glanduleuses en dessous, fleurs grandes, d'un beau jaune ou d'un jaune rouge en dedans.

25. R. LUTEA Miller dict., n° 11; Lam. fl. fr. 3, p. 132; Gmel. fl. Bad.-Als. 2, p. 403; Pers. syn. 2, p. 47; Rau enum. ros. p. 157; Pronv. Monog. ros. p. 87; Rchb. fl. excurs. 2, p. 612 n° 3947; Bor. fl. cent. éd. 2, n° 667, éd. 3, n° 832; Koch syn. 246; *R. eglanteria* L. sp. 703 (pr. part.); Roth, fl. Germ. 2, p. 553; Krocker, fl. Siles. 2, p. 139; Dc. fl. fr. 4, p. 437; Gilibert, fl. d'Europ. 1, p. 583; Tratt. Monog. ros. 2, p. 51; Lois. fl. Gall. 1, p. 360; Mutel fl. fr. 1, p. 345; Gonnet fl. élem. de Fr. p. 476; *R. fœtida* Herm. diss. ros. p. 18; All. fl. Pedem., n° 1792; *R. eglanteria A. lutea* Ser. in Dc. prod. 2, p. 607.

Arbrisseau à rameaux retombants, à aiguillons des tiges droits, inégaux, subulés et sétacés; pétioles pubescents glanduleux, inermes; 5-7 folioles petites arrondies ou elliptiques, doublement dentées, glabres en dessus, un peu pubescentes en dessous, principalement sur la côte qui porte aussi des glandes, toutes pétiolées, la terminale

(1) J'ai décrit cette espèce sur des échantillons récoltés en Suisse (Loëches, Bon de Morognes). Je ne possède cette plante de la France que cultivée ou trouvée aux bords des jardins.

en coin à la base et arrondie au sommet; stipules étroites acuminées à bords glanduleux et à oreillettes divergentes; pédoncules solitaires ou groupés par trois, glabres ou pubescents ou parsemés de petites glandes; tube du calice sphérique glabre; sépales pinnatifides appendiculés, hérissés de petits aiguillons blancs caducs après la fleuraison, à bords tomenteux; styles libres, laineux, plus courts que les étamines et s'élevant du centre d'un disque tronqué très court; fleurs grandes, d'un beau jaune vif à odeur fétide; fruit globuleux. — Mai, juin. Haies. — *Indre*, Châteauroux (Boreau); — *Puy-de-Dôme*, Aigueperse (André); et naturalisée çà et là dans quelques haies. Il offre une variété à fleur d'un jaune rouge en dedans; *R. punicea* Miller.

Section V. — PIMPINELLIFOLIÆ.

Feuilles petites, glabres, coriaces, orbiculaires, arrondies ou ovales obtuses à peu près semblables à celles des *poterium*, tube du calice glabre ou hispide, styles libres, sépales persistants.

Linné décrit ainsi son *rosa pimpinellifolia* : « *Germinibus globosis pedunculisque glabris, caule aculeis sparsis, rectis, petiolis scabris, foliolis obtusis.* » L., sp. 703.

Description bien vague pour reconnaître une espèce? Linné n'attribue que des pédoncules glabres et des feuilles obtuses à son *R. pimpinellifolia* et ne mentionne nullement la couleur des fleurs ni la forme des styles : seulement la plupart des auteurs donnent à cette espèce des corolles roses. Woods dit que le *R. pimpinellifolia* de l'herbier de Linné est le *R. rubella* Smith (1). Retz, obs. fasc.

(1) Ce qui ne peut convenir à la description du *species*. Smith, comp. fl. Brit. (1816), p. 78, donne à sa plante des pédoncules hispides, des feuilles elliptiques et des pétales rouges.

4, p. 27, dit du *R. pimpinellifolia* : *flos magnitudine rosæ caninæ albus, rubore levi hinc inde superfusus;* puis des feuilles : *foliorum serratæ, serraturis glandulosis.* Krocker, fl. silesiaca 2, p. 142 : *petala ex rubro albida, cum luteo ungue, sat lata.* Thuillier, fl. Paris. 251 : *flore pallido-rosei.* Trattinick, monog. ros. 2. p. 129 : *flores minores, plerumque rubescentes.* Gmelin, fl. Bad.-Als. 2, p. 415 : *petalis obcordatis amœne purpurascentibus, aut incarnatis.* De Candolle, fl. fr. 4, p. 438 : *fleurs blanches à onglet jaunâtre.* Bastard, fl. de Maine-et-Loire, p. 187 : *fleurs blanches.* Wallroth, hist. ros., p. 111 : *petalis corollæ parvæ roseis.* Mérat, fl. Par. (1812), p. 189 : *fleurs blanches un peu jaunes à la base.* Léman, bull. philom. (1818), ne dit que : *pedunculis glabris.* Mutel, fl. fr. 1, p. 345, dit : *fleurs blanches, pédoncules glabres.* Guépin, fl. Maine-et-Loire, éd. 2, p. 336 : *fleurs blanches, pédoncules glabres.* Seringe, in Dc. prod. 2, p. 608, ne fait dans sa phrase diagnostique aucune mention de la couleur des pétales, ni si les pédoncules sont glabres ou hispides. Seulement il y a une nombreuse création de variétés qui ne font que rendre l'espèce très embrouillée; car sa variété *A*, type de son espèce, est par les synonymes le *R. spinosissima L.*, plante différente du *R. pimpinellifolia L.;* dans aucune des variétés Seringe ne fait mention de la forme des styles.

Il y a donc une confusion très grande que Rau, en 1816, signalait dans son *enumeratio*, et les auteurs depuis lui n'ont fait que rendre la question plus obscure. Trattinick, dans sa monographie, cite la figure de Jacquin, frag. bot. tab. 107, f. 1 (1); mais le *R. pimpinellifolia* de Trattinick est une espèce bien différente de celle de Linné. Voici ce qu'il dit : *Fructibus magnitudine sorbi domesticæ minoris*

(1) Je ne puis consulter cet ouvrage ne l'ayant pas à ma disposition.

atropurpurei, nitidi pyriformes, collo brevi, calyce persistente coronati (1).

Les auteurs ne sont donc nullement d'accord pour distinguer le *R. pimpinellifolia* L. car ils disent : pédoncules glabres ou hispides, fleurs roses ou blanches ou blanches jaunâtres à l'onglet. Linné n'attribue à son espèce que des *pédoncules glabres, des pétioles scabres, des feuilles obtuses*; ce qui ne peut convenir aux descriptions des auteurs qui sont toutes plus ou moins en contradiction les unes avec les autres.

La majeure partie des auteurs sépare les *R. pimpinellifolia* et *R. spinosissima*, les considérant comme deux espèces distinctes; mais depuis que Dc. dans sa flore française a fait un *R. pimpinellifolia* en créant les deux variétés de pédoncules hispides et de pédoncules glabres, les botanistes adoptent ce changement sans trop s'en rendre raison? Car tous les rosiers qui possèdent des feuilles à peu près semblables à celles des *poteriums* sont pour ces botanistes des *R. pimpinellifolia*, sans tenir compte de la forme et des dentelures des folioles, ou si les pétioles sont glabres, inermes ou glanduleux hispides, et si les styles sont laineux, glabres ou seulement hérissés.

Seringe, dans le Prodromus, a suivi cette marche en donnant à son *R. pimpinellifolia* 16 variétés, qui sont peut-être autant d'espèces distinctes et qui ne font qu'en rendre l'étude plus difficile; ce qui arrivera chaque fois que les descriptions au lieu de s'appliquer à une seule forme bien déterminée, embrasseront plusieurs formes ou des groupes que l'on veut généraliser. Il en résulte alors que des caractères trop généraux sont substitués en partie aux véritables caractères spécifiques. L'école Linnéenne a cru se débarrasser des difficultés de ce genre en le déclarant va-

(1) Trattinick, monog. ros. 2, p. 129.

riable; mais ce n'est là, après tout, qu'un mot vide de sens et le simple écho des préjugés du vulgaire, qui peut très bien satisfaire quelques esprits pressés d'en finir avec l'étude des faits, se souciant peu de la méthode!

Ce qui rend le choix difficile pour l'espèce de Linné, c'est que dans son *Species* il ne cite aucun synonyme. Si l'on veut conserver un *R. pimpinellifolia* L. il faudrait alors réserver ce nom à la plante qui a des fleurs roses, mais il ne faudrait pas la confondre avec les *R. rubella* Sm. et *R. affinis* Sternb. (non Rau), qui toutes deux ont les pédoncules hispides et les fleurs roses.

26. R. SPINOSISSIMA L., sp. 705; Herm., diss. ros. p. 6 (pro part.); Scop., fl. carn. 1, p. 353; Crantz, stirp. austr., p. 84; Leers, fl. herb., p. 118; All., fl. Pedem., nº 1794; Jacq., en. Vind., p. 89; Roth, fl. Germ. 1, p. 217 et 2, p. 555; Krocker, fl. Siles. 2, p. 143? Smith, Brit. 2, p. 537; Spreng., fl. Hal., p. 145; Gilib., fl. d'Europ. 1, p. 583; Gmel., fl. Bad.-Als. 2, p. 414; Pers., syn. 2, p. 48; Mérat, Par. (1812), p. 189; Rau, enum. ros., p. 58; Leman, bull. phil. (1818) extr., p. 9; *R. pimpinellifolia* Dc., fl. fr. 4, p. 438; Mérat, L. C.; Bast., fl. Maine-et-Loire, p. 187; Rchb., fl. excurs. 2, p. 612, nº 3948; Mutel, fl. fr. 1, p. 345; Bor., fl. cent., éd 1, nº 409, éd. 2, nº 668, éd. 3, nº 833; Guépin, fl. Maine-et-Loire. éd. 2, p. 336; Godet, fl. Jura, p. 205. — *R. campestris spinosissima, flore albo, odorato* C. B., pin. 483. — *R. dunensis species nova* Dodon, pempt. 187, ic.

Billot, exs., nº 1182! et *bis!* et *ter!* Schultz, exs., nº 1444!

Arbrisseau à rameaux gris ou rougeâtres, chargés d'aiguillons inégaux, horizontaux, subulés et sétacés, blancs ou quelques-uns rougeâtres sur les jeunes rameaux; pétioles *glabres, inermes ou parsemés de petits aiguillons* sétacés; 5-9 folioles, petites, arrondies ou ovales obtuses, les latérales courtement pétiolées ou presque sessiles, fermes, vertes et *entièrement* glabres, *simplement* dentées à dents ouvertes; stipules étroites, *glabres* à oreillettes divergentes; pédoncules axillaires, solitaires, glabres ou hispides; tube du calice globuleux, glabre; sépales entiers lancéolés acuminés, glabres, plus courts que la corolle; styles velus, s'élevant au-dessus d'un disque plein; fleurs blanches à onglet jaunâtre, fruit globuleux rouge, noir à la maturité, couronné par les sépales persistants. — Mai, juin. Bois, haies, coteaux calcaires. — *Vosges*, Le Hohneck (Jacquel); — *Allier*, Montord (Rodde); — *Charente-Inférieure*, Angoulême (Guillon); — *Cher*, forêt de Fontmoreau (Blondeau, 1829), Saint-Florent! les Bordes. Bois du Curin, près la Chapelle-Saint-Ursin! Bourges! La Grange-Saint-Jean, près Levet! — *Vendée*, forêt de Saint-Gemme, près de Luçon (Letourneux).

27. R. RIPARTII Nob.; *R. spinosissima* Tratt., monog. ros. 2, p. 118 (non Lin.); Rchb., fl. excurs. 2, p. 612, n° 3949; Mutel, fl. fr. 1, p. 345.

Wirtgen, exs., n° 73! n° 127, pro part. (1).

Arbrisseau à rameaux rougeâtres, chargés d'aiguillons nombreux, inégaux, horizontaux, subulés et sétacés, grisâtres sur les vieilles tiges et rougeâtres sur les jeunes rameaux; pétioles *plus ou moins chargés de petites glandes fines stipitées et de petits aiguillons sétacés;* 5-9 folioles petites *ovales-arrondies*, les latérales presque sessiles, la terminale longuement pétiolée, glabres, vertes en dessus, pâles en dessous, à *côte parsemée de petites glandes stipitées, doublement* dentées à *dents accessoires glanduleuses:* stipules étroites *glanduleuses* à oreillettes divergentes; pédoncules solitaires, axillaires, glabres ou hispides; tube

(1) Il y a dans la distribution de ce dernier n° un échantillon à pétioles glabres, à feuilles simplement dentées (*R. spinosissima* L.), et les autres sont *R. Ripartii* Nob.

du calice globuleux, *glabre ou hérissé à sa base de soies glanduleuses, roides et renversées*; sépales du calice entiers, lancéolés, acuminés, glabres; styles courts, velus; fleurs blanches à onglet jaunâtre; fruit arrondi, coriace, rouge devenant noir à la maturité, couronné par les sépales persistants.

Il diffère du *R. spinosissima* par ses pétioles chargés de petites glandes fines stipitées, ses folioles doublement dentées à dents accessoires glanduleuses et la côte parsemée de petites glandes, ses stipules glanduleuses, le tube du calice quelquefois hérissé à la base de soies non glanduleuses et renversées. — Mai, juin. Haies, bois, coteaux calcaires. – *Cher*, bois Thomas, à Saint-Florent! Le Subdray! Morthomier! La Chapelle-St-Ursin! Trouy! Bourges!

28. R. Ozanonii. Nob.

Arbrisseau à rameaux *complétement inermes*, les florifères un peu étalés; pétioles *velus, parsemés de glandes fines stipitées, inermes* ou quelquefois munis en dessous de fins aiguillons sétacés; 5-7-9-11 folioles *ovales elliptiques ou ovales obtuses*, pétiolées, vertes, quelques-unes rougeâtres, glabres en dessus, pâles, glaucescentes en dessous, à *nervure médiane velue, plus ou moins parsemées de petites glandes fines stipitées sur la côte, simplement* dentées à dents aiguës terminées par un petit mucron; stipules étroites, *glabres*, à oreillettes aiguës, divergentes, *bordées* de petites glandes brillantes; tube du calice *très petit, ovoïde*, d'un vert sombre ou d'un rouge violacé, *glabre;* pédoncules solitaires ou réunis deux sur le même point, ayant à leur base une petite bractée, glabres, dressés ou courbés; sépales entiers d'un vert sombre ou violacés, lancéolés, acuminés, glabres, à bords tomenteux *égalant presque* la corolle, réfléchis; styles *assez longs, très laineux*, plus courts que les étamines; corolle grande, à pétales blancs; fruit *petit sphérique.* Je ne sais pas si les sépales sont persistants, les fruits que j'ai ne sont pas parvenus à leur maturité complète.

Il diffère du *R. spinosissima* par ses rameaux inermes, ses pétioles velus, avec des glandes fines stipitées, ses folioles à nervure médiane velue et glanduleuse, ses stipules bordées de petites glandes brillantes, le tube du calice petit, ovoïde, les pédoncules glabres, ses styles laineux. Il diffère du *R. Ripartii* par ses rameaux inermes, ses pétioles velus et parsemés de glandes, ses folioles simplement dentées, ses stipules glabres, le tube du calice ovoïde, petit et glabre, ses styles laineux; ses tiges inermes, ses pédoncules glabres, ses pétioles velus parsemés de fines glandes stipitées, ses folioles à nervure médiane velue et glanduleuse le font distinguer du *R. microcarpa.* Besser (non Thunb.); *R. Besseri.* Tratt. dont voici la phrase diagnostique : « Calycis tubo globoso, pedunculis cauleque setoso aculeatis, aculeis subulatis, rectis sub deflexis, petiolis foliolisque 7-9 ellipticis serratis glabris. Besser, enum. Pod. et Volh., p. 18. » — Juillet. *Hautes-Alpes,* La Grave, au Puy-Vacher (Ozanon).

29. R. SPRETA. Nob.

Arbrisseau à aiguillons *peu nombreux,* même sur les jeunes rameaux, inégaux, horizontaux, les plus longs comprimés à la base, droits, les autres sétacés; *pétioles glabres, inermes;* 5-9 folioles petites, arrondies, les latérales pétiolées, la terminale arrondie ou ovale elliptique, rétrécie à la base, glabres, fermes, plus pâles en dessous, *simplement* dentées à dents terminées par un petit mucron; stipules étroites, *glabres,* à oreillettes divergentes; pédoncules axillaires, solitaires, glabres; tube du calice *sphérique contracté au sommet,* glabre; sépales entiers, lancéolés, acuminés, glabres, plus courts que la corolle, réfléchis; styles *seulement hérissés;* corolle grande, à pétales blancs, à onglet jaunâtre; fruit dressé, ***arrondi, contracté au sommet***, noir à la maturité, couronné par les sépales persistants dressés.

Il diffère du ***R. spinosissima*** par ses aiguillons beaucoup moins nombreux, ses pétioles inermes, ses styles seulement hérissés, ***non velus***, son fruit arrondi, contracté au sommet. Il diffère du ***R. Ripartii*** par ses pétioles glabres, inermes, ses folioles simplement dentées, ses stipules glabres, le tube du calice glabre, sphérique, contracté au sommet et ses styles hérissés. Il diffère du ***R. Ozanonii*** par ses tiges aiguillonnées, ses pétioles glabres, ses folioles dépourvues de villosité et de glandes sur la côte, le tube du calice sphérique et ses styles hérissés ***non laineux***. — Juillet. *Hautes-Alpes*, La Grave (Ozanon).

30. R. CONSIMILIS. Nob.

Arbrisseau à *rameaux touffus*, grisâtres ou rougeâtres, à aiguillons peu nombreux, inégaux, horizontaux, subulés et sétacés; pétioles glabres ou *un peu velus*, inermes; 5-9 folioles, toutes pétiolées, la terminale arrondie au sommet et en coin à la base, fermes, arrondies ou ovales obtuses, glabres, glauques et ***parsemées en dessous seulement sur la côte de quelques poils, surtout dans leur jeunesse***, simplement dentées; stipules étroites, à oreillettes ***aiguës***, denticulées, divergentes, ***bordées de quelques glandes***; pédoncules axillaires, solitaires, glabres; tube du calice petit, globuleux, glabre; sépales entiers, lancéolés, acuminés, à bords légèrement tomenteux, plus courts que la corolle, réfléchis; styles *courts*, *glabres*; corolle grande, à pétales blancs, à onglet jaunâtre; fruit dressé, arrondi, noirâtre, couronné par les sépales persistants, dressés.

Il diffère du *R. spreta* par ses rameaux touffus, ses pétioles un peu velus, ses stipules bordées de quelques glandes, le tube du calice globuleux, ses styles glabres, sa corolle plus grande et son fruit arrondi. Il diffère du

R. Ozanonii par ses tiges aiguillonnées, ses pétioles dépourvus de glandes, ses folioles à côte non glanduleuse, le tube du calice globuleux, *non ovoïde*, ses styles glabres, *non laineux*, son fruit plus gros et arrondi. Il diffère du *R. Ripartii* par ses pétioles non glanduleux, ses folioles simplement dentées et dépourvues de glandes sur la côte, ses stipules glabres, ses styles glabres et sa corolle plus grande. — Juillet. *Hautes-Alpes*, La Grave (Ozanon).

Obs. *R. mitissima*. Bor., fl. cent., éd. 3, n° 834, an Gmelin? Cette espèce m'est inconnue. Gmelin, fl. Bad., 4, p. 358, dit de sa plante qu'elle est complétement inerme, « caule, ramis, pedunculisque inermibus, semper mitissimis; corolla parva, alba. » M. Boreau, l. c., dit : aiguillons droits, rares sur les turions, nuls sur les rameaux florifères, fleurs blanches rarement rosées.

31. R. GLANDULOSA. Bellardi, act. Taur. (1790), p. 230; Dc., fl. fr., 5, p. 539; Tratt.? monog. ros., 2, p. 111; Rchb., fl. excurs., 2, p. 617, n° 3980; Koch, syn. 250; Gonnet, fl. élém. de Fr., p. 478; *R. rubrifolia*, var. *glandulosa* Ser. in Dc., prod., 2, p. 610; *R. montana*, Gr. et Godr., fl. de Fr., 1, p. 558 (non Vill.).

Billot, exs., n° 1184!

Arbrisseau à aiguillons rares, grêles, un peu courbés ou presque droits, rameaux purpurins; pétioles *glabres*, glanduleux, *faiblement* aiguillonnés en dessous; 5-7 folioles, toutes pétiolées, la terminale un peu rétrécie à sa base, *obtuses, arrondies et même retuses*, petites, glabres, fermes, coriaces, glauques en dessous, doublement dentées à dents secondaires glanduleuses; stipules glabres, à bords glanduleux, *oreillettes aiguës*, *droites;* pédoncules solitaires ou 2-4 réunis, courts, *hérissés, glanduleux*, entourés de bractées ovales, acuminées, glabres, bordées de glandes, plus longues que les pédoncules; tube du calice *ovale, hérissé de longs poils spiniformes et glanduleux*; sépales ovales, acuminés, glabres, bordés de quelques glandes, tomenteux en dedans et sur les bords, 2 entiers, 3 pinnatifides à appendices courts, réfléchis à l'anthèse, égalant la corolle; styles hérissés; fleurs roses; fruit *gros, ovoïde, arrondi, un peu étranglé au sommet, hérissé de poils spiniformes, glanduleux*, couronné par les sépales du calice, dressés, connivents, persistants. — Juillet. Broussailles et buissons des montagnes. — *Hautes-Alpes*, Rabou, Charrance, Chaudun (Blanc); bois Mondet, près Gap, Charrance (Maillard).

32. R. MONTANA Chaix, in Vill. Dauph. 1, p. 346 et 3, p. 547; Mutel, fl. fr. 1, p. 346; Gonnet, fl. élem. de Fr., p. 477.

Arbrisseau à aiguillons peu abondants, épars, grêles, droits ou recourbés; pétioles *un peu velus à la base*, glanduleux à glandes *peu abondantes, presque* inermes ou *munis* de petits aiguillons courts et sétacés; 5-7 folioles, toutes pétiolées, la terminale ovale, fermes, coriaces, *petites, ovales, arrondies*, glabres d'un vert clair en dessus, glauques en dessous *ayant sur la côte de petites glandes stipitées*, doublement dentées à dents accessoires glanduleuses; stipules glabres, les supérieures dilatées, bordées de glandes, oreillettes aiguës *divergentes*; pédoncules solitaires ou 2-3 réunis, courts, hispides glanduleux, cachés par une bractée ovale acuminée, glabre et bordée de glandes; tube du calice *ovoïde glabre;* sépales lancéolés acuminés dépassant la corolle, 2 entiers, 3 pinnatifides à appendices étroits linéaires, glabres, bordés de glandes et tomenteux en dedans, réfléchis; styles courts hérissés; fleurs roses; fruit ovoïde arrondi *de moyenne grosseur, glabre* non hérissé de poils spiniformes et glanduleux, et couronné par les sépales dressés persistants.

Il diffère du *R. glandulosa* par ses pétioles un peu velus à la base à glandes peu abondantes, ses folioles ayant sur la côte de petites glandes stipitées, ses stipules à oreillettes divergentes, le tube du calice ovoïde glabre, ses pédoncules bien moins hérissés, son fruit glabre moitié moins gros, ovoïde glabre, non hérissé de poils spiniformes et glanduleux.—Juillet. — *Hautes-Alpes*, La Grave aux Lauzières (Ozanon).

Obs. Chaix, dans le premier volume de la flore de Villars, dit bien que les pédoncules et le fruit sont hispides glanduleux, et dans le troisième volume Villars dit : « le pédoncule est hérissé, souvent même le germe. » Villars a très bien pu confondre les deux espèces, ce qui me porterait à le croire d'après Mutel, fl. fr. 1, p. 346 : « Je décris l'échantillon unique de l'herbier de Villars, à la bibliothèque de Grenoble, l'étiquette porte en note : *Frutex R. caninæ magnitudine, rami purpurascentes, petala alba purpurea; magis accedit ad R. Villosam.* » Mutel, l. c., dit : fruit ovale presque subglobuleux glabre! Seringe, in Dc. prod., admet avec doute le synonyme de *R. montana* Vill. au *R. glandulosa* Bell. et regarde le *R. montana* Schleicher, cat. 1815, comme étant la même plante que celle de Bellardi. Reichenbach, fl. excurs., admet aussi avec un point de doute le *R. montana* Vill. en synonyme au *R. glandulosa* Bell.

Section VI. — ALPINÆ.

Feuilles ovales elliptiques, glabres, tube du calice oblong ou globuleux, glabre ou hispide, sépales entiers, styles libres, hérissés ou velus.

33. R. Alpina L., sp. 703; All., fl. Pedem., n° 1798; Lam., fl. fr. 3, p. 132; Krocker, fl. Siles. 2, p. 138; Dc., fl. fr. 4, p. 446 (excl. var. b.); Gilib., Pl. d'Europ. 1, p. 584; Gmel., fl. Bad.-Als. 2, p. 429; Pers., syn. 2, p. 49; Tratt., monog. ros. 2, p. 198; Balb., fl. Lyon. 1, p. 260; Rchb.,

fl. excurs. 2, p. 613, n° 3951; Bor., fl. cent., éd. 2, n° 670, éd. 3, n° 836; Gr. et Godr., fl. de Fr. 1, p. 556 part.; Godet, fl. Jura, p. 206 part.; *R. rupestris* Crantz, stirp. Austr., p. 85.

Arbrisseau peu élevé, inerme, complétement dépourvu d'aiguillons, à rameaux rougeâtres ou purpurins; pétioles canaliculés en dessus, glanduleux, inermes; 5-7 folioles ovales elliptiques, les latérales pétiolées, la terminale arrondie au sommet ou aiguë aux deux extrémités, glabres vertes en dessus, plus pâles en dessous, doublement dentées à dents secondaires glanduleuses; stipules glabres à bords glanduleux, oreillettes divergentes, les supérieures dilatées; pédoncules solitaires, courts, droits ou recourbés après la floraison, glabres ou couverts de glandes fines; tube du calice oblong, glabre; sépales entiers, lancéolés acuminés, un peu dilatés au sommet dépassant la corolle, glabres à bords tomenteux et parsemés de quelques glandes fines, réfléchis à l'épanouissement des fleurs, puis redressés, connivents, persistants; styles courts hérissés, disque tronqué; fleurs d'un rose vif; fruit dressé ou penché oblong subglobuleux, rouge à la maturité. — Juin, juillet. Vallées et rochers des montagnes.—*Hautes-Alpes*, Gap, bois Mondet (Maillard), col du Lautaret (Ozanon); — *Ain*, la Faucille! — *Doubs*, le mont Suchet! le mont d'Or! — *Vosges*, le Hohneck! — *Puy-de-Dôme*, le mont Dore (Rodde).

Obs. J'ai reçu de M. Ozanon une forme qui se rapproche du *R. Alpina*, mais bien différente par ses tiges armées de petits aiguillons sétacés quelquefois très nombreux; pétioles glanduleux inermes; 7-9 folioles ovales ou ovales obtuses souvent pliées, fermes, vertes en dessus, glauques en dessous à nervure médiane parsemée de poils et de petites glandes; stipules assez larges, glabres, oreillettes aiguës divergentes, bordées de glandes; pédoncules solitaires faiblement hispides, presque lisses; tube du calice.........; sépales entiers lancéolés, spathulés au sommet, glabres, bordés de glandes pédicellées brillantes, dressés, persistants; corolle.....; fruit ovoïde. *R. Alpestris* Nob. — *Hautes-Alpes*, la Grave au Puy Vacher (Ozanon).

34. R. PYRENAICA Gouan, ill., p. 31, tab. 19, f. 2; Dc., fl. fr. 4, p. 446; Pers., syn. 2, p. 49; Tratt., monog. ros. 2, p. 199; Rchb., fl. excurs. 2, p. 613, nº 3952; Bor.? fl. cent., éd. 3, nº 837; *R. Alpina* var. *Pyrenaica* Ser., in Dc. prod. 2, p. 611.

Arbrisseau peu élevé, inerme *ou offrant sur les tiges nouvelles quelques aiguillons* grêles, droits sétacés, rameaux grêles à écorce rougeâtre, pétioles glanduleux, inermes; 5-7-9 folioles *ovales* ou *ovales obtuses*, fermes glabres en dessus, pâles en dessous, *à côte velue et glanduleuse*, doublement dentées à dents glanduleuses; stipules *oblongues scabres, chargées de glandes* à oreillettes aiguës divergentes; pédoncules solitaires d'un rouge violacé, *hispides glanduleux* droits à la floraison, puis recourbés, *ayant à leur base* une bractée ovale, acuminée glabre à bords glanduleux; tube du calice oblong *hispide glanduleux;* sépales lancéolés, foliacés au sommet, entiers, d'un rouge violacé, *couverts de glandes*, tomenteux sur les bords, atteignant presque les pétales, étalés; styles courts *velus*; fleurs rouges; fruit *oblong, hispide*, rouge, couronné par les sépales persistants.

Il diffère du *R. Alpina* par ses tiges nouvelles offrant des aiguillons, ses folioles à côte velue glanduleuse, ses stipules oblongues scabres, glanduleuses, ses pédoncules hispides glanduleux ayant à leur base une bractée, le tube du calice hispide glanduleux, ses sépales couverts de glandes, ses styles velus, son fruit hispide. Il diffère du *R. Monspeliaca* par ses tiges qui ne sont pas inermes, ses folioles plus petites à côte velue glanduleuses et à dentelures moins profondes, le tube du calice oblong hispide glanduleux. Juin, juillet. — *Hautes-Pyrénées,* Cirque de Gavarnie (Bordère, Ozanon).

35. R. Monspeliaca Gouan, fl. Monsp. p. 255; *R. Alpina* var., Dc., fl. fr. 5, p. 536.

Arbrisseau à rameaux inermes, rougeâtres; pétioles inermes, glabres ou *parsemés de très petites glandes fines stipitées, brillantes;* 7-9 folioles *ovales elliptiques attenuées à la base, obtuses au sommet* ou *aiguës aux deux extrémités*, glabres, vertes en dessus, d'un vert pâle glaucescent en dessous, doublement dentées *à dents irrégulières, profondes et aiguës surtout dans la moitié supérieure de la foliole,* celles du bas plus petites et moins profondes, les dents secondaires terminées par une petite glande; stipules glabres à oreillettes plus ou moins larges, divergentes à bords glanduleux; pédoncules solitaires, rouges violacés d'un côté, verts de l'autre, *moitié plus courts que les pétioles des folioles, courbés, hispides glanduleux;* tube du calice *petit ovale,* glabre, rougeâtre, sépales d'un rouge violacé, entiers, lancéolés acuminés atteignant la corolle, glabres, à bords tomenteux, réfléchis à l'anthèse; styles courts velus; pétales *rouges, plus pâles en dehors, onglet jaunâtre;* fruit *petit,* droit ou courbé, *ovale attenué à la base ou subglobuleux,* couronné par les sépales dressés, connivents, persistants.

Il diffère du *R. Alpina* par ses folioles à dentelures irrégulières, profondes, ses stipules plus larges, ses pédoncules hispides glanduleux, le tube du calice ovale, ses styles velus, ses fleurs rouges à onglet jaunâtre. Il diffère du *R. pendulina* par ses folioles dépourvues sur la côte de poils et de glandes, à dentelures plus profondes, le tube du calice non contracté au sommet et ses fleurs rouges. — Juin, juillet. Les Cevennes (Dc.). — *Hautes-Alpes,* la Grave et le Puy Vacher (Ozanon).

36. R. PENDULINA Aït., hort. Kew., éd. 1, vol. 2, p. 208, éd. 2, vol. 3, p. 265; Pers., syn. 2, p. 49, n° 34; Tratt., monog. ros. 2, p. 204; *R. Alpina* var. *latifolia* Seringe, in Dc. prod. 2, p. 612.

Arbrisseau à rameaux rougeâtres, inermes; pétioles glabres, inermes ou parsemés de quelques petites glandes très fines, qui se trouvent aussi à la base des folioles; 5-9 folioles *ovales elliptiques*, *obtuses;* toutes pétiolées, glabres, d'un vert clair en dessus, glauques en dessous à *nervure médiane parsemée de poils et de glandes* et qui prend quelquefois une couleur violacée, doublement dentées à dents terminées par une glande; stipules à oreillettes *larges obtuses ou aiguës,* divergentes, glabres, bordées de petites glandes; pédoncules hispides glanduleux; tube du calice *ovale contracté au sommet, glabre*; sépales entiers ovales, spathulés au sommet, d'un rouge violacé, glabres, à bords tomenteux et munis de quelques glandes, égalant ou dépassant un peu la corolle; styles courts *très velus presque laineux*; corolle d'un rose vif; fruit..........

Il diffère du *R. lagenaria* par ses pétales moins glanduleux, inermes, ses folioles à nervure médiane parsemée de poils et de glandes, ses stipules plus larges, le tube du calice ovale, glabre, ses styles plus velus. Ses pédoncules hispides glanduleux, le tube du calice ovale contracté au sommet et ses styles velus, le font distinguer du *R. Alpina*. — Juin, juillet. Vallées, bois et forêts des montagnes. — *Hautes-Alpes*, La Grave, forêt des Fraux (Ozanon).

37. R. LAGENARIA Villars, fl. Dauph. 3, p. 553; Tratt., monog. ros. 2, p. 202; *R. Alpina* b. Dc., fl. fr. 4, p. 446; *R. Alpina coronata* Desv., journ. bot. (1813) 2, p. 119; *R. Alpina* var. *lagenaria* Ser., in Dc. prod. 2, p. 611; *R. pendulina* Rchb., fl. excurs. 2, p. 613, n° 3953 (non Aït.).

Arbrisseau à rameaux inermes rougeâtres; pétioles

glanduleux, *parsemés en dessous de petits aiguillons sétacés*; 7-9 folioles ovales elliptiques ou atténuées à la base et obtuses au sommet, glabres *d'un vert sombre en dessus, très glauques en dessous*, doublement dentées et bordées de petites glandes brillantes; stipules glabres à oreillettes aiguës et bordées de glandes ; pédoncules solitaires ou réunis deux sur le même point, glabres ou glanduleux droits ou penchés; tube du calice *oblong, étranglé au sommet*, glabre ou hispide; sépales entiers, lancéolés acuminés, spathulés au sommet, glanduleux ou glabres, à bords tomenteux, réfléchis; styles courts *hérissés*; corolle à pétales d'un *rouge foncé à anthères très jaunes*, fruit *allongé en forme de fuseau*, penché ou dressé, couronné par les sépales persistants connivents, dressés.

Il diffère du *R. Pyrenaica* par ses tiges inermes, ses pétioles munis d'aiguillons fins sétacés, ses folioles ovales elliptiques dépourvues de villosité sur la côte, ses stipules glabres, le tube du calice oblong étranglé au sommet, glabre ou hispide, son fruit allongé en forme de fuseau glabre ou hérissé, ses styles hérissés. Il diffère du *R. Monspeliaca* par ses folioles à dentelures beaucoup moins profondes que dans la plante de Gouan, le tube du calice oblong étranglé au sommet, non ovales, ses styles hérissés, *non velus*, son fruit allongé en forme de fuseau, *non ovale ou subglobuleux*. Il diffère du *R. pendulina* par ses folioles dépourvues de poils sur la côte, d'un vert sombre en dessus, ses stipules plus étroites, le tube du calice oblong étranglé, *non ovale contracté au sommet*, ses styles hérissés, ses fleurs d'un rouge foncé à anthères jaunes. Il diffère du *R. Alpina* par ses pétioles aiguillonnés en dessous, ses folioles d'un vert sombre en dessus, le tube du calice oblong étranglé au sommet, ses fleurs rouges à anthères jaunes, son fruit allongé en forme de fuseau, *non oblong ou subglobuleux*.—Juin, juillet. Bois des montagnes. — *Hautes-Alpes*, bois de Boscodon (Villars); La Grave, forêt des Fraux (Ozanon).

38. R. RUBRIFOLIA. Villars, fl. Dauph., 3. p. 549; Dc., fl. fr., 4, p. 445; Gmel., fl. Bad.-Als., 4, p. 361; Pers., syn., 2, p. 47; Tratt., monog. ros., 2, p. 92; Lois., Gall., 1, p. 358; Rchb., fl. excurs., 2, p. 621, n° 4001; Mutel, fl. fr., 1, p. 352; Bor., fl. cent., éd. 2, n° 672, éd. 3 n° 838; Koch, syn., 249; Gonnet, fl. élém. de Fr. (1848), p. 480; Gr. et Godr., fl. de Fr., 1, p. 557; Godet, fl. Jura, p. 208; *R. Rubrifolia* a *lævis.*, Ser. in Dc., prod., 2, p. 609; *R. rubicunda*. Haller fils.

Billot, exs., n° 1183!

Arbrisseau robuste, droit, d'une teinte glauque, pruineuse, aiguillons peu nombreux, épars, petits, comprimés à la base, droits ou un peu courbés; pétioles glabres, d'une couleur purpurine, aiguillonnés en dessous; 5-7 folioles glabres, glauques, celles des jeunes rameaux rougeâtres, fermes coriaces, nerveuses, ovales, elliptiques, dentées en scie à dents aiguës, toutes pétiolées; stipules purpurines, glabres, à oreillettes divergentes, les supérieures dilatées, élliptiques; pédoncules courts, glabres, en corymbe, munis à leur base de bractées ovales, glabres, d'une couleur purpurine ou verdâtre, qui enveloppent les pédoncules; tube du calice globuleux, lisse; sépales purpurins, entiers, rarement appendiculés sur les bords, terminés par un appendice lancéolé, plus longs que les pétales, chargés sur les bords de glandes stipitées, dressés, connivents après la floraison, caducs à la maturité du fruit; styles libres, courts, velus; fleurs roses; fruit rouge arrondi. — Juin, Juillet. Vallées et rochers des montagnes. — *Hautes-Alpes*, La Grave aux Lauzières (Ozanon); — *Doubs*, Mont-Suchet, Mont-d'Or; — *Vosges*, Le Hohneck; — *Puy-de-Dôme*, les Monts-Dômes!

39. R. REUTERI. Godet, fl. Jura, p. 218. sub. *rubrifolia*,

var.; *R. glauca*. Vill. in Lois., not., p. 80 (non Desf. nec Schott.); Tratt. monog. ros., 2, p. 223; *R. canina*, var. *glauca*. Desv., journ. bot. (1813), 2, p. 116; *R. rubrifolia*, var. *pinnatifida*. Seringe, in Dc., prod, 2, p. 610.

Arbrisseau assez élevé, rameux, à rameaux purpurins ou verdâtres, armés d'aiguillons dilatés à la base, inclinés ou presque droits, peu nombreux; pétioles glabres, inermes ou munis de très petits aiguillons; 5-7 folioles *ovales ou obtuses*, fermes, coriaces, nerveuses, *glauques*, un peu rougeâtres sur les nervures et les jeunes pousses, simplement dentées à dents aiguës; *stipules grandes, à oreillettes larges, dilatées, terminées en pointe*, peu divergentes, glabres, bordées de glandes; pédoncules très courts, glabres, solitaires ou 2-4 en corymbe ayant à leur base des bractées qui les cachent entièrement; tube du calice *subglobuleux*, glabre; sépales lancéolés, acuminés, 3 *pinnatifides*, 2 *entiers*, *glabres*, réfléchis après l'anthèse, puis redressés; styles velus; fleurs d'un *rose clair*, fruit *gros*, *subglobuleux*, couronné par les sépales. Je ne sais pas s'ils sont persistants, mes fruits n'étant pas à leur maturité complète.

Il diffère du *R. rubrifolia* par ses feuilles très glauques, ses stipules grandes, à oreillettes larges, peu divergentes. le tube du calice subglobuleux, ses sépales pinnatifides, glabres, sa fleur d'un rose plus clair et son fruit gros, subglobuleux. — Juillet. Vallées et broussailles des montagnes. — *Hautes-Alpes*, La Grave aux Lauzières (Ozanon); — *Vosges*, Gérardmer. Les échantillons que j'ai récoltés à cette localité ont les sépales réfléchis, persistants sur le fruit et non redressés. — *Puy-de-Dôme*, haies de Fontanat, près Clermont.

SECTION VII. — CANINÆ.

Aiguillons épars, plus ou moins nombreux, feuilles ovales, obtuses ou orbiculaires, glabres ou velues, simplement ou doublement dentées; styles libres, courts ou un peu saillants, glabres ou hérissés; pédoncules glabres, velus ou un peu hispides, sépales pinnatifides, caducs, peu sont persistants sur le fruit, fruits ovales ou sphériques, fleurs roses ou blanches.

A. Feuilles glabres, simplement dentées, pédoncules glabres, styles hérissés.

40. R. CANINA. L., sp., 704; Leers, fl. Herb., p. 118; Allion., fl. Pedem., n° 1799; Vill. Dauph., 3, p. 546; Krocker, fl. Siles., 2, p. 147; Smith., fl. Brit., 2, p. 540; Thuill., Par., 251; Dc., fl. fr., 4, p. 447 (excl. les var.); Gilib.. pl. d'Europ., 1, p. 582; Gmel., fl. Bad.-Als, 2, p. 422; Tratt., monog. ros., 2, p. 16; Bor., fl. cent., éd. 2, n° 673, éd. 3, n° 840 et Cat. Maine et Loire, p. 79; Déségl. in Billot, annot. fl. de Fr. et d'All., p. 125; *R. canina* a. *vulgaris.*, Rau, en. ros., p. 71; Rchb., fl. excurs., 2, p. 620; *R. canina* glabra. a. Bor., l. c., éd. 1, v. 2, p. 138; *R. sepium.* Lam., fl. fr., 3, p. 129 (non Thuill.); *R. lutetiana.* Leman, bull. philom. (1818) extr., p. 9, n° 3.

Exs. Billot, n° 2259! Wirtg. n° 74!

Arbrisseau droit, élevé, à rameaux élancés, glabre dans toutes ses parties, aiguillons robustes, épars, comprimés, dilatés à la base, arqués au sommet; pétioles glabres dépourvus de glandes, aiguillonnés en dessous; 5-7 folioles, toutes pétiolées, vertes, glabres, fermes, ovales, simplement dentées à dents supérieures conniventes; stipules glabres, à oreillettes divergentes, les supérieures dilatées; pédoncules glabres, solitaires ou en corymbe, axillaires ou terminaux, portant à leur base une bractée ovale, acuminée, glabre; sépales pinnatifides, glabres, tomenteux sur les bords, saillants sur le bouton, plus courts que la corolle, réfléchis, non persistants sur le fruit; styles hérissés, plus courts que les étamines, fleurs roses ou blanches; fruit ovale-oblong, coriace, dressé, carpelles pédicellés. — Juin. Haies, buissons, bois, c. — *Vosges*, Rémiremont, Liezey; — *Doubs*, Pontarlier; — *Ain*, Saint-Rambert (Ozanon); — *Jura*, Salins; — *Aude*, Montagne-Noire, le Mas-Cabardès (Ozanon); — *Saône-et-Loire*, Autun (Carion), Châlons-sur-Saône (Ozanon); — *Puy-de-Dôme*, Clermont; — *Cher*, c. Saulzais-le-Potier, Bourges, Saint-Florent, Graire, Mehun, Foëcy, Vierzon, etc.; — *Loiret*, Orléans, Ardon en Sologne (Jullien).

41. R. Touranginiana. Déséglise et Ripart.

Arbrisseau élevé à rameaux élancés, retombants, rougeâtres, armés d'aiguillons crochus et recourbés; pétioles *velus en dessus à la base et à l'insertion des folioles, inermes* ou munis en dessous de très rares petits aiguillons; 5-7 folioles entièrement glabres, vertes, fermes, *orbiculaires ou ovales aiguës*, toutes pétiolées, la terminale arrondie ou un peu rétrécie à la base, aiguë au sommet, simplement dentées *à dents aiguës, calleuses;* stipules lancéolées, glabres, oreillettes droites; pédoncules courts, lisses, solitaires ou réunis en corymbe peu fourni, tous alternes le long de la tige, *entourés de larges bractées foliacées au sommet, glabres, plus longues que les pédoncules;* tube du calice glabre, *oblong-allongé*; sépales pinnatifides, glabres, tomenteux en dedans, réfléchis, caducs; styles hérissés, disque conique; fleurs d'un rose clair; fruit gros, *oblong-allongé*, mesurant près de 2 *centim. de longueur*, atténué à la base.

Espèce très voisine du *R. canina*, dont elle diffère par la forme de ses folioles qui ressemblent à celles du *R. pla-*

typhylla, mais plus petites et glabres, ses pétioles velus à la base et à l'insertion des folioles, inermes, son fruit oblong-allongé. Il diffère du *R. dumalis* par l'absence de glandes sur les pétioles, ses folioles simplement dentées, son fruit oblong-allongé. — Juin. Haies. — *Cher*, haies des vignes du Château, commune de Bourges, haies du chemin de Bourges à Givray (Ripart).

42. R. RAMOSISSIMA. Rau, enum ros., p. 74, sub *R. canina.*

Arbrisseau à rameaux touffus, serrés, armés d'aiguillons robustes, dilatés à la base, recourbés au sommet, *les rameaux floraux courts, presque inermes* et alternes autour de la tige principale; *pétioles velus à la base et à l'insertion des folioles,* faiblement aiguillonnés en dessous, *souvent inermes;* 5-7 folioles assez petites, *ovales, arrondies,* toutes pétiolées, vertes, fermes, glabres, plus pâles en dessous, simplement dentées à *dents aiguës terminées par un mucron;* stipules lancéolées, glanduleuses aux bords; pédoncules lisses, courts, réunis en corymbe peu fourni, 3-5 cachés par les bractées qui les entourent; tube du calice *ovoïde*, glabre; sépales pinnatifides, glabres, tomenteux en dedans, à appendices saillants sur le bouton, mais plus courts que la corolle, réfléchis, non persistants; styles *peu hérissés, presque glabres*; corolle assez grande, d'un rose pâle; fruit *ovoïde.*

Il diffère du *R. canina* par un port différent, ses rameaux floraux presque inermes, ses folioles ovales arrondies, ses pétioles velus à la base, presque inermes, ses styles peu hérissés, presque glabres, son fruit ovoïde. — Juin. Haies, bois. — *Rhône,* Lyon, dans les vignes au dessus de Couzon (Boreau); — *Saône-et-Loire*, Saint-Forgeat, près d'Autun (Carion); — *Cher*, haies des vignes des Macheriots, près de Bourges, pacage de Bouy, commune de Berry, forêt du Rhin-du-Bois.

43. R. GLOBULARIS. Franchet, in Bor., fl. cent., éd. 3, n° 839.

Arbrisseau *bas*, *touffu*, *tortueux*, à aiguillons dilatés à la base, recourbés; pétioles *un peu velus à la base*, *parsemés de glandes*, canaliculés en dessus, faiblement aiguillonnés en dessous; 5-7 folioles *ovales*, *elliptiques*, *un peu acuminées*, vertes, glabres en dessus, un peu glaucescentes en dessous, à dents aiguës, *surchargées de quelques dents accessoires*, *glanduleuses*; stipules dilatées, à lobes aigus, glanduleuses, ciliées aux bords; pédoncules solitaires ou groupés, glabres, courts, cachés par des bractées ovales, aiguës glabres, à bords glanduleux; tube du calice *globuleux*, glabre; sépales pinnatifides, glabres, tomenteux sur les bords et en dedans, renversés pendant l'anthèse, se redressant ensuite, couronnant le fruit, puis promptement caducs; styles légèrement hérissés; fleurs roses; fruit *globuleux*.

Il diffère du *R. canina* par ses pétioles velus, un peu glanduleux, le tube du calice globuleux, ses sépales plus longtemps persistants sur le fruit avant sa maturité; fruit globuleux. Il diffère du *R. sphœrica* par son port moins élevé et ses tiges formant un buisson très touffu, ses pétioles velus à la base et parsemés de glandes fines, ses stipules plus larges, ses folioles différentes, son fruit globuleux plus petit. — Juin. Buissons. — *Loir-et-Cher*, carrières de Beaumont, commune de Cour-Cheverny (Franchet).

Obs. J'ai récolté à Orcines et à la base du Puy-de-Pariou (Puy-de-Dôme) une plante qui se rapproche beaucoup de cette espèce, dont elle diffère par ses styles velus, ses fruits arrondis, subglobuleux.

44. R. SPHŒRICA. Grenier, in Billot, archiv. de Fr. et d'All., p. 333; Bor., fl. cent., éd. 3, n° 841; *R. canina globosa*, Desv., jour. bot. (1813), 2, p. 114.

Billot, exs., n° 1479.

Arbrisseau droit, à aiguillons robustes, dilatés, arqués, pétioles *parsemés de poils à l'insertion des folioles*, glabres du reste, aiguillonnés en dessous; 5-7 folioles, ovales aiguës, d'un vert clair en dessus, un peu glauques en dessous, glabres, fermes, *simplement dentées*, toutes pétiolées, la terminale arrondie à la base, aiguë ou terminée au sommet par une petite pointe; stipules *lancéolées, un peu dentées*, glanduleuses au sommet; pédoncules courts, glabres, solitaires ou réunis en corymbe peu fourni, plus courts que les feuilles et presque cachés par les bractées qui les entourent; tube du calice *arrondi*, glabre; sépales pinnatifides, glabres, tomenteux sur les bords et en dedans, saillants sur le bouton, réfléchis après l'anthèse, puis caducs; styles hérissés, *en faisceau court;* fleurs roses; fruit dressé, coriace, *globuleux ou un peu atténué à la base.*

Il diffère du *R. globularis* par ses rameaux droits, ses pétioles non glanduleux, ses folioles simplement dentées, dépourvues de dents secondaires glanduleuses, ses stipules lancéolées, son fruit qui se trouve un peu atténué à la base. Il diffère du *R. canina* par ses pétioles parsemés de poils à l'insertion des folioles, le tube du calice arrondi, le fruit globuleux, un peu atténué à la base. — Juin. Haies, bois. — *Doubs*, Pontarlier (Grenier); — *Rhône*, Lyon à Villeurbanne (Ozanon); — *Saône-et-Loire*, Châlons-sur-Saône (Ozanon); — *Cher*, Trouy; Bourges, bois de Rouet, de la Touche et vignes de Conët, commune de Mehun, La Servanterie; — *Loiret*, Orléans (Jullien).

45. R. Schultzii. Ripart, in Schultz, arch. de la flore de Fr. et d'All., p. 254 : Bor., fl. cent., éd. 3, n° 845.

F. Schultz, herb. norm., n° 43 !

Arbrisseau plus ou moins élevé, à rameaux rougeâtres, droits, à aiguillons nombreux, inégaux, épars, droits ou inclinés, mais non crochus; 5-7 folioles glaucescentes d'abord, puis d'un vert gai, *orbiculaires*, *quelques-unes ovales obtuses*, *petites*, toutes pétiolées, glabres, dentées en scie à *dents calleuses*, nerveuses; pétioles *presque inermes*, *un peu poilus en dessus à la base et à l'insertion des folioles*; stipules glabres, à oreillettes divergentes, bordées au sommet de quelques glandes stipitées, pédoncules courts, glabres, axillaires ou terminaux, solitaires ou réunis en bouquets peu nombreux, cachés par les feuilles et les bractées qu'ils portent à leur base; tube du calice glabre, *petit*, *sphérique*; sépales entiers ou appendiculés, à appendices linéaires, glabres, tomenteux en dedans et sur les bords, réfléchis au moment de l'anthèse, puis *redressés*, *connivents*, *persistants*, *à base un peu charnue*; styles hérissés; fleurs médiocres, d'un rose pâle: fruit *rouge*, *gros*, *ovoïde*, *arrondi à la base*, *étranglé au sommet*, couronné par les sépales, *très précoce*, *commencement d'août*.

Il diffère du *R. canina* par ses folioles orbiculaires, ses pétioles presque inermes, velus à la base et à l'insertion des folioles, le tube du calice sphérique, le fruit couronné par les sépales. Il diffère du *R. sphœrica* par ses folioles orbiculaires, le tube du calice sphérique, ses sépales persistants, son fruit ovoïde, arrondi à la base, étranglé au sommet. Il diffère du *R. globularis* par un port différent, ses folioles orbiculaires, à dents non surchargées de quelques dents secondaires glanduleuses, les sépales persistants, son fruit ovoïde, arrondi à la base, étranglé au sommet. — Mai, juin. Haies, coteaux. — *Cher*, haies des vallées, près Bourges (Tourangin), Saint-Lazare, haies des vignes d'Asnières, près Bourges, Fussy.

46. R. ACIPHYLLA. Rau, enum. ros., p. 69, cum ic.; Tratt., monogr. ros., 2, p. 22; Bor., fl. cent., éd. 3, n° 844.

Arbrisseau peu élevé, à rameaux dressés, flexueux, aiguillons épars, grêles, courbés; pétioles *presque inermes* ou faiblement aiguillonnés en dessous, poilus en dessus; 5-7 folioles *petites*, *glabres*, *oblongues lancéolées cuspidées*, *inégalement* dentées à dents aiguës très prononcées relativement à la grandeur de la foliole, mucronées, *quelques-unes* surchargées de dents accessoires, glanduleuses; stipules *étroites*, *cuspidées*, glabres, bordées de glandes stipitées; pédoncules courts, solitaires ou par 3-4, munis de bractées glabres, plus longues que les pédoncules; tube du calice *grêle*, *glabre*, *globuleux*; sépales *lancéolés*, *cuspidés*, tomenteux en dedans et sur les bords, appendiculés à *appendices sétacés*, dépassant la corolle; styles hérissés, assez saillants; fleurs *très petites*, *à pétales d'un blanc lavé de rose;* fruit *petit*, globuleux, glabre.

Il diffère du *R. Schultzii* par ses folioles oblongues lancéolées, cuspidées, ses sépales non persistants, son fruit globuleux, ses fleurs très petites, d'un blanc lavé de rose. Il diffère du *R. sphœrica* par ses folioles petites, oblongues lancéolées, cuspidées, ses aiguillons moins robustes, ses stipules étroites, cuspidées, ses fleurs petites et son fruit petit, globuleux. Il a l'aspect du *R. sepium*, mais ses pétioles et ses folioles sont dépourvues de glandes. — Mai. Lieux secs et pierreux R. R. — *Cher*, Bourges (Tourangin), La Chapelle-Saint-Ursin, Brécy (Ripart).

B. Feuilles glabres, doublement dentées, pédoncules glabres, styles hérissés.

47. R. Malmundariensis. Lejeune, fl. Spa, 1, p. 231; Bor., fl. cent., éd. 2, v. 2, p. 178, éd. 3, n° 842.

Arbrisseau assez élevé, touffu, rameux, à rameaux retombants, épineux, à aiguillons droits, robustes, très dilatés, recourbés, géminés au dessous des feuilles; pétioles *légèrement velus en dessus et parsemés de glandes stipitées*, aiguillonnés en dessous; 5-7 folioles ovales, arrondies ou ovales aiguës, glabres, fermes, vertes en dessus, glaucescentes en dessous, un peu nerveuses, *doublement dentées à dents glanduleuses, les jeunes pousses d'un rouge vineux*; stipules glabres, un peu dentées, à bords glanduleux, oreillettes divergentes; pédoncules rougeâtres, glabres, réunis 5-7-11 en corymbe, dont une partie des pédoncules sont plus courts que les autres, surtout ceux du centre, munis de bractées ovales, glabres, à bords glanduleux, égalant ou plus courts que les pédoncules; tube du calice glabre, *rouge, ovale;* sépales pinnatifides, glabres, dépassant le bouton et plus courts que la corolle, réfléchis à l'anthèse, puis caducs; styles hérissés: fleurs roses assez grandes; fruit *gros, presque arrondi à la maturité.*

Il diffère du *R. canina* par ses pétioles parsemés de glandes stipitées, ses folioles doublement dentées à dents glanduleuses, ses pédoncules en corymbe assez nombreux, son fruit presque arrondi à la maturité. Il diffère du *R. squarrosa* par ses pétioles moins glanduleux, ses folioles dépourvues de glandes sur la côte, ses pédoncules réunis en corymbe, le tube du calice ovale, ses styles hérissés en faisceau court. — Juin. Haies, bois. — *Aude,* Montagne-Noire, Le Mas-Cabardès (Ozanon); — *Puy-de-Dôme,* base du Puy-de-Dôme; — *Saône-et-Loire,* Châlons-sur-Saône, Vessey, (Ozanon); *Cher,* A. C., Contremoret, la Grange-Miton, près Bourges, bois de Marmagne, forêt du Rhin-du-Bois, Saint-Martin-d'Auxigny, bois d'Yèvre; — *Indre,* Mers, bois du Magner (Boreau).

48. R. SQUARROSA. Rau, enum. ros., p. 77, sub *R. canina;* Bor., fl. cent., éd. 3, n° 843; *R. canina*, var. squarrosa. Ser. in Dc., prod. 2, p. 614.

Arbrisseau à rameaux flexueux, verts ou rougeâtres, épineux, à aiguillons *rapprochés*, *blanchâtres*, forts, un peu comprimés, dilatés à la base, presque droits ou faiblement recourbés au sommet; pétioles *glanduleux ai-*

guillonnés et portant en outre quelques poils; 5-7 folioles glabres, ovales, aiguës, doublement dentées à *dents aiguës terminées par une glande*, souvent *glanduleuses sur la nervure médiane*, toutes pétiolées, la terminale arrondie à la base, aiguë au sommet; stipules glabres à bords glanduleux, oreillettes divergentes; pédoncules axillaires, glabres, lisses, munis de deux bractées glabres, une ovale plus courte ou égalant les pédoncules, l'autre foliacée; tube du calice *oblong*, *glabre*, rougeâtre; sépales pinnatifides, tomenteux en dedans et aux bords, saillants sur le bouton, plus courts que la corolle, réfléchis, caducs; styles courts, hérissés, disque conique; fleurs roses; *fruit ovale*.

Il diffère du *R. canina* par ses pétioles glanduleux, ses folioles doublement dentées, le tube du calice oblong. Il diffère du *R. dumalis* par ses folioles ovales, aiguës, à côte souvent glanduleuse, ses stipules moins larges, le tube du calice oblong, le fruit ovale.

Juin. Bois. — *Saône-et-Loire*, Châlons-sur-Saône (Ozanon); — *Cher*, bois de Marmagne, forêt du Rhin-du-Bois.

49. R. RUBELLIFLORA. Ripart!

Arbrisseau *peu élevé*, à aiguillons dilatés à la base, *presque droits*, les rameaux inermes ou quelquefois munis de rares aiguillons; pétioles canaliculés et un peu velus à la base en dessus, parsemés de quelques glandes presque inermes ou faiblement aiguillonnés en dessous; 5-7 folioles, *les latérales presque sessiles*, la terminale longuement pétiolée, rétrécie à la base ou aiguë aux deux extrémités, *ovales elliptiques*, *assez petites*, glabres, *à nervures saillantes* en dessous, doublement dentées à dents terminées par un mucron calleux, les secondaires par une glande; stipules *rougeâtres, très larges et longues, atteignant la première paire des folioles*, glabres et un peu denticulées au sommet, à oreillettes *acuminées*, *droites*;

pédoncules courts, lisses, glabres, ordinairement en bouquet, munis à leur base de bractées longues, lancéolées, acuminées, quelquefois denticulées au sommet, glabres, beaucoup plus longues que les pédoncules et bordées de glandes, portant en outre une autre bractée beaucoup plus petite et égalant le pédoncule ; tube du calice *ovale*, lisse, glabre ; sépales glabres, *longuement* appendiculés, les intérieurs à bords tomenteux, pinnatifides, étalés à l'anthèse, *égalant la corolle* ; styles courts, hérissés ; fleurs *grandes d'un beau rose vif*.

Il diffère du *R. dumalis* par la forme différente de ses aiguillons, ses pétioles beaucoup moins chargés de glandes, ses folioles ovales elliptiques, plus petites, les latérales presque sessiles, ses stipules très larges et longues, le tube du calice ovale, ses sépales atteignant la corolle, et ses fleurs grandes d'un beau rose vif. Il diffère du *R. canina* par ses pétioles un peu velus en dessus à la base, parsemés de quelques glandes, ses folioles ovales elliptiques, les latérales presque sessiles, doublement dentées, ses stipules à oreillettes droites, ses sépales atteignant la corolle, et ses fleurs grandes d'un beau rose vif. — Juin. Haies. — *Cher*, Saint-Eloy-de-Gy. (Ripart).

50. R. RUBESCENS. Ripart !

Arbrisseau élevé, à aiguillons dilatés à la base, comprimés, presque droits ; pétioles lisses, *portant quelques glandes et un peu velus à la base*, faiblement aiguillonnés en dessous ; 5-7 folioles d'un *vert luisant*, toutes pétiolées, la terminale arrondie à la base, souvent cuspidée au sommet, *ovales, aiguës*, glabres, doublement dentées à dents terminées par un mucron, les secondaires par une petite glande ; stipules *lancéolées*, glabres, bordées de glandes, à oreillettes *aiguës*, *droites*, les supérieures dilatées ; pédoncules en bouquet, glabres, munis à leur base de larges bractées *ovales*, *cuspidées*, bordées de glandes, glabres et plus longues que les pédoncules ; tube du calice *arrondi*, glabre ; sépales glabres, *ovales*, *cuspidés*, *à pointe non saillante sur le bouton*, les intérieurs à bords tomenteux, 3 pinnatifides à appendices étroits, les autres entiers, étalés à l'anthèse, puis réfléchis, *beaucoup plus courts que la corolle ;* styles courts, hérissés, disque conique, saillant ; fleurs d'un *rose vif*.

Il diffère du *R. dumalis* par la forme différente de ses aiguillons, ses pétioles beaucoup moins glanduleux et peu velus, ses folioles ovales, aiguës, ses stipules à oreillettes droites, le tube du calice arrondi, ses sépales à pointe non saillante sur le bouton, ses fleurs d'un rose vif. Il diffère du *R. sphœrica* par ses aiguillons moins robustes, ses pétioles portant quelques glandes et non parsemés de poils à l'insertion des folioles, ses folioles doublement dentées, ses sépales non saillants sur le bouton et sa fleur d'un rose vif. Il diffère du *R. rubelliflora* par ses folioles latérales pétiolées, ovales, aiguës, ses stipules lancéolées, ses bractées ovales, cuspidées, le tube du calice arrondi, ses sépales ovales, cuspidés, à pointe non saillante sur le bouton, plus courts que la corolle. Il diffère du *R. canina* par ses pétioles portant quelques glandes et un peu velus à la base, ses folioles doublement dentées, le tube du calice arrondi, ses sépales à pointe non saillante sur le bouton, ses fleurs d'un rose vif. — Juin. Haies. — *Cher*, haies des vignes de la Chapelle-Saint-Ursin (Ripart).

51. R. DUMALIS. Bechstein, Forstb., p. 241, n° 153 et p. 939 ; Bor., fl. cent., éd. 3, n° 847 ; Tratt., monog. ros., 2, p. 24 ; Déség., in Billot, annot., fl. de Fr. et d'All., p. 125 ; *R. canina*. Leman, bull. philom. (1818), extr., p. 9, n° 13 ; *R. canina*, var. *glandulosa*. Rau, en. ros., p. 75 ; Rchb., fl. excurs., 2, p. 620 ; *R. canina*, var. *stipularis*. Cheval, fl. Par., 2, p. 693 ; *R. stipularis*, Mérat, fl.

Par. (1812), p. 192; *R ramulosa*, Godr., fl. de Lorr., éd. 2, v. 1, p. 221; *R. biserrata*, plur. auct. non Mérat.

Billot, exs., n° 2062! n° 2260!

Wirtgen, exs., n°ˢ 75! 76! 235! 345!

Arbrisseau élevé, touffu, à rameaux élancés, à aiguillons robustes, crochus; pétioles *un peu velus glanduleux*, parsemés en dessous de petits aiguillons; 5-7 folioles fermes, glabres, ovales, *doublement dentées à dents glanduleuses*, toutes pétiolées; stipules *larges*, *dentées à dents glanduleuses*, oreillettes divergentes, les stipules supérieures dilatées; pédoncules solitaires ou en bouquets, lisses, courts, enveloppés par de larges bractées; tube du calice *ovoïde*, glabre; sépales pinnatifides, dépassant longuement le bouton et plus courts que la corolle, réfléchis, non persistants; styles hérissés en faisceau court, disque un peu conique; fleurs roses ou blanches; fruit rouge, *ovale, arrondi*.

Il diffère du *R. canina* par ses pétioles velus, glanduleux, ses folioles doublement dentées à dents glanduleuses, son fruit ovale, arrondi. — Juin. Haies, bois. c. c. — *Meurthe*, Nancy (Mathieu); — *Vosges*, Corcieux, Rambervillers; — *Doubs*, Besançon; — *Jura*, Salins; — *Rhône*, Lyon (Ozanon); — *Isère*, Fallavier (Ozanon); — *Saône-et-Loire*, Autun (Carion), Givry, Châlons-sur-Saône (Ozanon); — *Puy-de-Dôme*, Clermont; — *Cher*, c. c.; — *Loiret*, Orléans, c. (Jullien); — *Vienne*, Pindray, près Montmorillon (Ozanon).

52. R. BISERRATA. Mérat, fl. Par. (1812), p. 190; Leman, bull. philom. (1818), extr., p. 9, n° 11; Tratt., monog. ros., 2, p. 33; Bor., fl. cent., éd. 3, n° 848; *R. sepium*, var. *nitens*. Desv., jour. bot. (1813), 2, p. 117; *R. canina*, var. *Meratiana*. Seringe, in Dc., prod., 2, p. 614; *R. montana*, Lois., Gall., 1, p. 362 (non vill.); *R. canina*, var. *biserrata*. Chev. Par., 2, p. 693

Arbrisseau assez élevé, armé d'aiguillons forts, dilatés à la base, recourbés ou crochus; pétioles *plus ou moins pubescents en dessus à la base*, *chargés de glandes stipitées* et de petits aiguillons; 5-7 folioles fermes, coriaces, d'un vert sombre en dessus, *à nervures très saillantes en dessous*, ovales, toutes pétiolées, la terminale arrondie à la base ou aiguë aux deux extrémités, *doublement dentées à dents glanduleuses*; stipules glanduleuses, ciliées, les supérieures *largement ovales*, *dilatées*; pédoncules courts, lisses, solitaires ou réunis en corymbe peu nombreux, portant à leur base des bractées ovales égalant les pédoncules; tube du calice lisse. ovoïde; sépales pinnatifides à appendices linéaires, *bordés de glandes pédicellées*, réfléchis à l'anthèse, puis *redressés sur le fruit*, mais non persistants à la maturité; styles courts, très hérissés, disque conique, fleurs assez grandes, d'un rose clair; fruit *plus ou moins gros*, *arrondi*.

Il diffère du *R. canina* par ses pétioles glanduleux, ses folioles doublement dentées à dents glanduleuses, ses sépales bordés de glandes pédicellées, son fruit arrondi. Il diffère du *R. dumalis* par ses folioles d'un vert sombre en dessus, à nervures très saillantes, son fruit arrondi, ses sépales redressés sur le fruit. Il diffère aussi du *R. squarrosa* par ses folioles doublement dentées à dents glanduleuses, à nervure médiane dépourvue de glandes, le tube du calice ovoïde, son fruit arrondi. — Juin. Haies, buissons. — *R. Vosges*, haies de Liezey, près le presbytère! — *Cher*, Bourges, Soye, Berry, Quincy; — *Loiret*, Orléans, près le moulin de Saint-Gabriel (Jullien).

C. Feuilles glabres simplement ou doublemect dentées, pédoncules hispides, styles hérissés.

53. R. Pouzini. Tratt., monog. ros., 2, p. 111; *R. micrantha*, Dc., fl. fr., 5, p. 539 (non Smith).

Sous-arbrisseau à aiguillons droits, crochus au sommet, nombreux, épars; pétioles glanduleux, aiguillonnés; 5-7 folioles *très petites*, *ovales*, *glabres*, *à nervure médiane des folioles terminales et quelques-unes des latérales, munie de petits aiguillons fins*, *sétacés*, toutes pétiolées, la terminale aiguë à la base, arrondie au sommet ou aiguë aux deux extrémités, *doublement dentées à dents secondaires terminées par une glande stipitée*; stipules glabres, bordées de glandes, oreillettes droites; pédoncules ord. solitaires, hispides, courts, munis d'une bractée ovale, acuminée, glabre, bordée de glandes, un peu plus longue que les pédoncules; tube du calice très *petit, ovale oblong, glabre*; sépales pinnatifides, appendiculés, glabres en dessus, bordés de petites glandes stipitées, tomenteux en dedans, réfléchis; styles courts, *glabres*; fleurs *petites*, d'un rose pâle; fruit.....

Il diffère du *R. Andegavensis* par ses folioles très petites, doublement dentées, à nervure médiane pourvue de petits aiguillons fins, sétacés, le tube du calice glabre, ses styles glabres, et ses petites fleurs. Il diffère du *R. micrantha* Sm. par ses folioles glabres, et non glanduleuses pubescentes en dessous, ses pétioles seulement glanduleux, son tube du calice oblong, glabre. — *Hérault*, Pic-Saint-Loup, à Montpellier (Dc.); — *Gard*, Anduze (Miergue).

Obs. De Candolle dit que cette espèce se rapproche beaucoup du *R. glandulosa*, et place sa plante après le *R. Andegavensis* avec laquelle elle a plus de rapport qu'avec l'espèce de Bellardi. M. Grenier, fl. de Fr., fait de notre plante la variété b de son *R. graveolens*, dont elle est très différente par ses folioles entièrement glabres et dépourvues en dessous de glandes; puis M. Grenier donne à notre plante des *feuilles suborbiculaires*. Dc. dit : *les feuilles sont très glabres*, *ovales*, *petites*.

54. R. **Andegavensis.** Bast., ess. fl. Maine-et-Loire, p. 189 ; Dc., fl. fr., 5, p. 539 ; Leman, bull. phil. (1818), extr., p. 9, n° 7 ; Rchb, fl. excurs., n° 4003 ; Bor., mém. Soc. ind. d'Ang. (1844), extr., p. 11, et fl. cent., éd. 2, n° 676, éd. 3, n° 856, et Cat. Maine-et-Loire, p. 79 ; Déségl., in Billot, archiv, fl. de Fr. et d'All., p. 334 ; *R. sempervirens* Rau, en. ros., p. 120 (non Lin.) ; Bast., l. c., p. 188 ; *R. Raui*, Tratt., monog. ros., 2, p. 35 ; *R. canina grandidentata*. Desv., jour. bot. (1813), 2, p. 115 ; *R. canina hispida*. Ser., in Dc., prod., 2, p. 614 ; *R. canina*, 3e race *hispida*. a. Bor., l. c., éd. 1, v. 2, p. 138 ; *R. canina*, var. *hirtella*. Gr. et Godr., fl. de Fr., 1, p. 558 ; *R. dumetorum*, var. *hispida*. Chev. fl. Par., 2, p. 694.

Billot, exs., n° 1476 ! Wirtgen, exs., n° 345 !

Arbrisseau rameux, élevé, aiguillons robustes, dilatés à la base, droits sur les rameaux fleuris, crochus sur les tiges stériles ; 5-7 folioles ovales ou elliptiques, aiguës, d'un beau vert, glabres, acuminées, *largement dentées en scie*, toutes pétiolées, la terminale plus ou moins arrondie à la base ; pétioles *glanduleux*, aiguillonnés en dessous, portant en outre quelques poils qui disparaissent avec l'âge ; stipules *étroites*, *glanduleuses*, à oreillettes droites ; pédoncules solitaires ou groupés, *hérissés de soies glanduleuses* ; tube du calice *ovale ou oblong*, *glanduleux* ; sépales pinnatifides, *glanduleux*, dépassant le bouton, réfléchis à l'anthèse, non persistants, styles courts, hérissés ; fleurs d'un rose clair ; fruit ovale, rouge.

Il diffère du *R. canina* par ses pétioles glanduleux, ses pédoncules hérissés de soies glanduleuses, le tube du calice et les sépales glanduleux. — Mai, juin. Haies, bois. C. — *Savoie*, Pringy, près d'Anneci (Boreau) ; — *Rhône*, Lyon, au pont d'Alaï, Charbonnières (Boreau), Tassin (Ozanon) ; — *Aude*, Montagne-Noire, Le Mas, Cabardès (Ozanon) ; — *Côte-d'Or*, Meursault (Ozanon) ; —

Saône-et-Loire, Châlons-sur-Saône (Ozanon); — *Cher*, Vesdun, Bourges, Fontiley, Berry, Marmagne, forêt du Rhin-du-Bois, Mehun, Vierzon; — *Loir-et-Cher*, Salbris! — *Loiret*, Saint-Denis-en-Val, près d'Orléans (Jullien); — *Vienne*, Montmorillon (Chaboisseau); — *Maine-et-Loire*, Angers (Boreau).

55. R. Kosinsciana. Besser, enum. Volh. et Pod., p. 60 et p. 64; Tratt., monog. ros., 2, p. 48; Bor., fl. cent., éd. 3, n° 857, et Cat. Maine-et-Loire, p. 79; *R. canina intermedia*. Desv., obs., p. 157.

Arbrisseau élevé, rameux, à *rameaux d'un brun obscur*, munis d'aiguillons courts, comprimés, dilatés à la base, crochus au sommet; 5-7 folioles *ovales arrondies*, glabres en dessus, pâles, glaucescentes en dessous, *à dents aiguës*, ouvertes, *quelques-unes chargées de dents accessoires, glanduleuses*; pétioles *velus en dessus*, parsemés de glandes fines, aiguillonnés en dessous; stipules lancéolées, glabres, bordées de glandes, oreillettes acuminées, droites; pédoncules solitaires ou en corymbe peu fourni, hispides, munis de bractées lancéolées, un peu velues en dessus, à bords ciliés-glanduleux, les unes acuminées, les autres foliacées, plus longues que les pédoncules; tube du calice *ovale, hispide à la base*; sépales pinnatifides, glanduleux, plus courts que la corolle, réfléchis, non persistants; styles *courts*, *velus*, disque un peu saillant; fleurs roses; fruit assez gros, *ovale-oblong*, rouge.

Il diffère du *R. Andegavensis* par ses folioles ovales arrondies, à dents chargées de dents accessoires, glanduleuses, ses pétioles velus en dessus, parsemés de glandes, le tube du calice ovale, hispide à sa base, ses styles velus. Ses pédoncules hispides, le tube du calice hispide à la base, ses pétioles velus en dessus et parsemés de glandes, ses styles velus le font facilement distinguer du *R. canina*. — Juin. Haies. — *Doubs*, Mont Rosemond, à Besançon!

— *Puy-de Dôme*, environs de Clermont ! — *Saône-et-Loire*, Autun, à Parepas (Carion) ; — *Cher*, Lazenay, commune de Bourges, bois de la Corne, commune de Mehun, Saint-Florent ; — *Loiret*, Saint-Denis-en-Val, près d'Orléans (Jullien).

56. R. VERTICILLACANTHA. Mérat, fl. Par. (1812), p. 190; Leman, bull. phil. (1818), extr., p. 9, nº 9 ; Bor., fl. cent., éd. 2, nº 677, éd. 3, nº 858 ; *R. canina ovoïdalis.* Desv., jour. bot. (1813), 2, p. 114 ; *R. dumetorum*, var. *verticillacantha.* Cheval., fl. Par., 2, p. 694.

Arbrisseau à aiguillons petits, nombreux, recourbés, *en spire autour de la tige* ; pétioles *velus, plus ou moins chargés de glandes pédicellées*, aiguillonnés en dessous ; 5-7 folioles *ovales, aiguës*, glabres, *doublement dentées* à dents *secondaires*, *glanduleuses*, toutes pétiolées, la terminale arrondie à la base ; stipules glabres, ciliées-glanduleuses aux bords, oreillettes aiguës, *divergentes* ; pédoncules hispides solitaires ou en bouquet, portant à leur base des bractées ovales, acuminées ou foliacées au sommet, glabres, à bords ciliés-glanduleux, égalant ou dépassant les pédoncules ; tube du calice *ovoïde, hispide* : sépales pinnatifides, glabres, bordés de glandes, réfléchis à l'anthèse, caducs ; *styles hérissés*, un peu saillants ; fleurs assez grandes, roses ; fruit *ovale-arrondi*, rouge.

Il diffère du *R. Andegavensis* par ses aiguillons plus petits en spire autour de la tige, ses pétioles velus et chargés de glandes pédicellées, ses folioles doublement dentées, à dents secondaires glanduleuses, le tube du calice ovoïde, son fruit ovale-arrondi. Il diffère du *R. Kosinsciana* par ses aiguillons, ses pétioles velus et plus chargés de glandes, ses folioles ovales-aiguës doublement dentées, ses stipules à oreillettes divergentes, le tube du calice hispide, ses styles hérissés, son fruit ovale-arrondi. — Juin, juillet. Haies. — *Aude*, Montagne-Noire,

Le Mas-Cabardès (Ozanon); — *Creuse*, Chamborand (de Cessac); — *Cher*, Berry, vignes de Couët, commune de Mehun, forêt du Rhin-du-Bois; — *Loir-et-Cher*, Beaumont (Franchet).

Obs. R. SAXATILIS. Steven.; Bor., fl. cent., éd. 2, n° 678, éd. 3, n° 859; *R. glandulosa*. Bor., l. c., éd. 1, n° 408 (non Bell.). Cette espèce m'est inconnue. M. Boreau l'indique dans la Nièvre.

57. R. ACHARII. Billberg, in Rchb., fl. excurs. 2, p. 619, n° 3995; Bor., fl. cent., éd. 3, n° 846.

Arbrisseau assez élevé, à rameaux d'un vert foncé, aiguillons épars, à *base en forme de disque*, recourbés ou inclinés; pétioles *un peu velus en dessus*, *parsemés* de glandes stipitées et d'aiguillons grêles en dessous; 5-7 folioles toutes pétiolées, la terminale arrondie à la base, *larges*, *suborbiculaires* ou un peu *en coin à la base et arrondies au sommet*, glabres, vertes en dessus, opaques et nerveuses en dessous, doublement dentées à dents aiguës, glanduleuses; stipules *glabres*, *larges*, à oreillettes *acuminées*, divergentes, à bords glanduleux; pédoncules courts, hispides ou lisses, ordinairement réunis en corymbe, assez nombreux, portant à leur base de *larges bractées ovales*, glabres, plus ou moins terminées en pointe aiguë et acuminée, qui cachent les pédoncules; tube du calice *ellipsoïde*, *glabre;* sépales pinnatifides, deux à bords tomenteux, les autres glabres, plus courts que la corolle, à appendices bordés de glandes pédicellées, réfléchis, puis *redressés*, *connivents et persistants*; styles courts, hérissés, disque conique; fleurs roses; fruit assez *gros*, *ellipsoïde*, coriace, persistant longtemps.

Il diffère du *R. platyphylla* par ses folioles glabres en dessous, à dents glanduleuses, ses pédoncules hispides, le tube du calice ellipsoïde, ses sépales persistants. Il diffère du *R. psilophylla* par ses pétioles un peu velus en dessus, non *velus chargés de glandes*, ses folioles suborbiculaires, ses stipules larges, son fruit ellipsoïde, ses sépales persistants. Ses folioles suborbiculaires, ses sépales persistants, son fruit ellipsoïde le font distinguer du *R. verticillacantha*. — Juin. R. — *Rhône*, Lyon au-dessus du pont d'Alaï (Boreau); — *Saône-et-Loire*, Châlons-sur-Saône (Ozanon); — *Puy-de-Dôme*, Fontanat, près Clermont! — *Cher*, Bourges (Tourangin).

58. R. PSILOPHYLLA. Rau, enum. ros., p. 101; Tratt., monog. ros., p. 27; Rchb., fl. excurs., 2, p. 619, n° 3992; Bor., fl. cent., éd. 2, n° 679, éd. 3, n° 860 et Cat. Maine et Loire, p. 79; Gr. et Godr., fl. de Fr., 1, p. 558?

Arbrisseau élevé, à aiguillons robustes, épars, dilatés, arqués; pétioles *velus*, *chargés de glandes pédicellées, brillantes*, aiguillonnés en dessous; 5-7 folioles *larges*, *ovales-arrondies*, très glabres, vertes en dessus, à *nervure médiane, un peu velue et glanduleuse à la base*, nerveuses; doublement dentées *à dents secondaires*, *glanduleuses*, toutes pétiolées, la terminale en coin ou arrondie à la base; stipules ciliées-glanduleuses aux bords, à oreillettes divergentes; pédoncules glanduleux, hispides, en corymbe, portant à leur base des bractées opposées, ovales-lancéolées, glabres, à bords glanduleux, égalant ou plus court que les pédoncules; tube du calice *ovoïde*, *glabre*, quelquefois hispide, seulement à la base; sépales pinnatifides, *ovales-lancéolés*, *longuement acuminés*, à appendices quelquefois denticulés, glanduleux, tomenteux sur les bords et en dedans, réfléchis, styles courts, hérissés, disque peu saillant; fleurs d'un beau rose.

Il diffère du *R. canina* par ses pétioles velus, glanduleux, ses folioles doublement dentées, ses pédoncules glanduleux, hispides. Il diffère du *R. Andegavensis* par ses pétioles velus, glanduleux, ses folioles ovales, arrondies, doublement dentées; le tube du calice ovoïde, glabre, ses sépales longuement acuminés et sa fleur d'un beau rose. — Mai, juin. Haies. R. — *Cher*, Givray, commune de Trouy ! (Ripart); — *Loiret*, Saint-Denis-en-Val ? (Jullien); — *Maine-et-Loire*, Angers ? (Boreau).

Obs. La plante d'Angers est différente de celle du Cher; les pétioles sont glabres et presque dépourvus de glandes, les folioles ne sont pas velues sur la côte à la base, elles sont inégalement dentées à dents non glanduleuses, les sépales sont glabres et peu pinnatifides. La plante d'Orléans a les sépales courts, ovales, cuspidés, entiers, glabres, les styles glabres, les feuilles inégalement dentées, mucronées.

59. R. MACRANTHA. Desportes, fl. de Sarthe, p. 77; Bor., fl. cent., éd, 2, n° 680, éd. 3, n° 861 et Cat. Maine et Loire, p. 79; Gonnet, fl. élém. de Fr., p. 480; Gr. et Godr., fl. de Fr., 1, p. 553.

Arbrisseau élevé, à aiguillons nombreux, épars, robustes, dilatés, arqués; pétioles *pubescents*, *glanduleux*, aiguillonnés en dessous; 5-7 folioles *grandes*, fermes, *ovales-aiguës ou ovales-arrondies*, *d'un vert luisant*, glabres en dessus, plus pâles en dessous, nerveuses, *à côte parsemée de petites glandes pédicellées*, *inégalement* dentées à dents ouvertes et *terminées par un mucron*, toutes pétiolées, la terminale un peu en cœur à la base; stipules ciliées-glanduleuses à oreillettes *aiguës*, divergentes; pédoncules ordinairement en corymbe, hispides, glanduleux, portant à leur base une bractée ovale, acuminée, velue en dessous au sommet, glabre en dessus, ciliée-glanduleuse aux bords; tube du calice *ovale*, *glabre;* sépales pinnatifides à appendices lancéolés, glanduleux, pubescents, égalant ou dépassant les pétales; styles hérissés; fleurs grandes, d'un beau rose.

Il diffère du *R. psilophylla* par ses folioles ovales-aigues, inégalement dentées à dents terminées par un mucron, ses pétioles pubescents, glanduleux, le tube du calice ovale. — Mai, juin. Haies. R. R. — *Sarthe,* La Flèche (Boreau); — *Maine et Loire,* Angers (Boreau, 1850).

D. Feuilles plus ou moins velues en dessus ou en dessous, pédoncules glabres, styles velus ou hérissés.

60. R. ERYTHRANTHA. Bor., fl. cent., éd. 3, n° 850.

Arbrisseau à rameaux grêles, flexueux, aiguillons courbés, pétioles velus et munis de petits aiguillons, stipules étroites, velues en dessous, dentées-glanduleuses aux bords; 5-7 folioles petites, ovales ou elliptiques, aiguës, velues en dessous, simplement dentées en scie, à dents en mucron calleux, pédoncules courts, lisses, solitaires ou par 2 ou 3, calice à tube glabre, ovale oblong, sépales pinnatifides, à appendices longs, plus courts que la corolle, styles courts, velus, disque un peu conique, pétales obcordés, d'un beau rose vif; fruit ovale. *Boreau,* l. c.

Il diffère du *R. corymbifera* par ses pétioles velus, munis de petits aiguillons, ses stipules étroites, ses folioles glabres, velues en dessous sur les nervures, ses pédoncules lisses, solitaires ou par 2-3, mais pas en corymbe, ses styles velus, ses fleurs d'un rose vif. Il diffère du *R. Deseglisei* par ses aiguillons plus faibles, moins nombreux, ses folioles non velues sur les deux faces, ses pédoncules lisses, le tube du calice ovale-oblong. Il diffère aussi du *R. obtusifolia* par ses folioles ovales ou elliptiques, aiguës, velues en dessous, le tube du calice ovale oblong, ses styles libres, courts, velus, ses fleurs d'un rose vif. — Juin. Haies. — *Maine-et-Loire*, Angers (Boreau).

61. R. OBTUSIFOLIA. Desv., jour. bot. (1809), 2, p. 317; Tratt., monog. ros., 1, p. 134; Bor., fl. cent., éd. 2, n° 657, éd. 3, n° 819 et Cat. Maine et Loire, p. 78; Gr. et Godr., fl. de Fr., 1, p. 557; Déségl., in Billot, annot. fl. de

Fr. et d'All. (1855), p. 9; *R. canina*, var. *obtusifolia*. Desv., l. c. (1813), 2, p. 115; Ser., in Dc., prod., 2, p. 613; *R. leucantha*. Bast., sup. fl. de Maine et Loire, p. 32 (non Lois.); Dc. fl. fr., 5, p. 535; Bor., bull. Soc. ind. d'Angers (1844), extr., p. 11; *R. dumetorum*, var. *obtusifolia*. Chev., Par., 2, p. 692.

Billot, exs., n° 1664!

Arbrisseau à aiguillons robustes, arqués, dilatés à la base; pétioles *très velus*, aiguillonnés en dessous; 5-7 folioles, toutes pétiolées, *ovales arrondies*, *presque obtuses*, vertes, *simplement* dentées, *pubescentes* sur les deux faces, celles des jeunes pousses souvent rougeâtres; stipules *oblongues*, ciliées-glanduleuses sur les bords, à oreillettes divergentes, les supérieures des rameaux fleuris dilatées; pédoncules *glabres* (par une exception très rare, j'ai trouvé des pédoncules munis de plusieurs glandes fines; mais ce n'est pas un caractère, attendu que sur le même rameau les pédoncules sont glabres ou légèrement glanduleux), ordinairement en corymbe, munis à leur base de bractées ovales, pubescentes, plus longues qu'eux; tube du calice glabre, *ovoïde ou globuleux;* sépales pinnatifides, glabres, très tomenteux en dedans, réfléchis, non persistants; styles courts, hérissés, *libres ou agglutinés ensemble;* fleurs blanches; fruit *globuleux*, rouge à la maturité. — Mai, juin. Haies, bois. — *Gard,* Anduze (Miergue); — *Saône-et-Loire,* Autun (Carion); — *Cher,* c. Vierzon, Saint-Florent, Mehun, Morthomier, Berry, forêts du Rhin-du-Bois et d'Allogny, etc.; — *Loiret,* Orléans, Ardon-en-Sologne (Jullien); — *Vienne,* Montmorillon (Ozanon).

62. R. DUMETORUM. Thuil., Par., 250 (non Cheval.); Dc., fl. fr., 5, p. 534, excl. syn.; Mérat, Par. (1812), p. 189; Rau, enum. ros., p. 85? Leman, bull. phil. (1818), extr., p. 9, n° 4; Tratt., monog. ros., 2, p. 25? Rchb., fl. excurs., n° 3997? Bor., bull. Soc. ind. d'Angers (1844), extr., p. 11,

et fl. cent., éd. 2, n° 674. éd. 3, n° 852, et Cat. Maine et Loire, p. 79; Guss., syn. sicul., 1, p. 566; Godet, fl. Jura, p. 213; *R. collina*. Dc., fl. fr., 4, p. 441 (non Jacq.); Lois., Gall., 1, p. 363, excl. var. b.; *R. solstitialis*. Besser, Prim., fl. Gall., 1, p. 324; Tratt., monog. ros., 2, p. 10; *R. canina*, var. *dumetorum*. Desv., jour. bot. (1813), 2, p. 115; Ser., in Dc., prod., 2, p. 614; *R. canina*, 2e race *pubescens*. Bor., fl. cent., éd. 1, v. 2, p. 138.

Billot, exs., n° 1475! et bis! Wirtgen, exs., n° 77!

Arbrisseau touffu, rameux, épineux, à aiguillons comprimés, dilatés à la base, arqués, souvent géminés au dessous des feuilles; 5-7 folioles *ovales arrondies*, simplement dentées *à dents ciliées*, parsemées *en dessus de poils apprimés*, *pubescentes en dessous*, toutes pétiolées, la terminale arrondie ou un peu en coin à la base; pétioles *très pubescents*, *inermes* ou munis de rares aiguillons sétacés; stipules *pubescentes* à bords ciliés-glanduleux, oreillettes divergentes, les supérieures dilatées; pédoncules lisses, solitaires ou en corymbe peu fourni, munis de bractées ovales, *pubescentes*, ciliées, ordinairement plus longues que les pédoncules; tube du calice *ovoïde*, glabre; sépales courts, pinnatifides, glabres, dépassant le bouton, réfléchis à l'anthèse, puis un peu redressés et caducs; styles hérissés, disque peu saillant; fleurs d'un rose clair; fruit *arrondi, rouge, à carpelles pédicellés.*

Il diffère du *R. canina* par ses pétioles velus, ses folioles pubescentes en dessous et parsemées de poils apprimés en dessus, ses stipules pubescentes, ses pédoncules portant des bractées pubescentes, son fruit arrondi. — Mai, juin. Haies, bois. c. — *Savoie*, Bellevaux (Boreau); — *Doubs*, Pontarlier (Grenier); — *Jura*, Salins! — *Rhône*, Lyon à Saint-Fons, à Couzon (Ozanon); — *Aude*, Montagne-Noire, le Mas-Cabardès (Ozanon); — *Puy-de-Dôme*, Clermont! — *Saône-et-Loire*, Chambois, Autun (Carion);

— *Cher*, Bourges, Graire, Allouis, Allogny, La Servanterie, Vierzon, Chaillot, etc. ; — *Loiret*, Orléans à Saint-Gabriel, Ardon, en Sologne (Jullien); — *Maine et Loire*, Angers (Boreau).

63. R. URBICA. Leman. bull. phil. (1818), extr., p. 9, n° 5; Bor., fl. cent., éd. 3, n° 853, et Cat. Maine et Loire, p. 79.

Arbrisseau touffu, rameux, à aiguillons inégaux, comprimés, dilatés à la base, recourbés au sommet; 5-7 folioles *ovales aiguës*, vertes, parsemées de poils apprimés en dessus, *pubescentes en dessous sur les nervures*, *inégalement* dentées en scie, toutes pétiolées, la terminale rétrécie ou arrondie à la base; pétioles pubescents, *aiguillonnés;* stipules pubescentes, à bords ciliés-glanduleux, oreillettes divergentes, pubescentes en dessous, glabres en dessus; pédoncules solitaires ou en corymbe peu fourni, lisses, munis d'une bractée ovale, pubescente, plus courte que le pédoncule; tube du calice *ovoïde oblong*, glabre; sépales pinnatifides, glabres, tomenteux en dedans, réfléchis, non persistants; styles *courts*, *velus*, disque presque plane; fleurs d'un rose clair; fruit *ovoïde ou oblong.*

Il diffère du *R. dumetorum*, dont il est très voisin, par ses folioles aiguës, pubescentes en dessous, seulement sur les nervures, ses pétioles aiguillonnés en dessous, le tube du calice ovoïde-oblong et son fruit ovoïde ou oblong non *arrondi*. — Juin. Haies, bois. — *Isère*, la Verpillière, (Ozanon); — *Ain*, Hauteville (Ozanon), bords de l'Albavine en montant de Senay à Hauteville (Franchet); — *Jura*, Salins, Mont-Belin ! — *Saône-et-Loire*, Varolle, près d'Autun (Carion), Châlons-sur-Saône (Ozanon); — *Cher*, c. Bourges, Marmagne , Berry, forêt du Rhin-du-Bois, Mehun, Quincy, bois d'Yévre, etc. ; — *Loiret*, Orléans (Jullien); — *Creuse*, Grand-Bourg (de Cessac); — *Maine et Loire*, Angers (Boreau).

64. R. PLATYPHYLLA. Rau, enum. ros., p. 82; Tratt., monog. ros., 2, p. 28; Rchb., fl. excurs., nº 3994; Bor., fl. cent., éd. 3, nº 854, et Cat. Maine et Loire, p. 79; Déségl., in Billot, annot. fl. de Fr. et d'All., p. 126; *R. arvensis.* Roth, fl. Germ., 2, p. 554, excl. syn.; *R. opaca*, Grenier, in Billot, archiv. fl. de Fr. et d'All., p. 332.

Billot, exs., nº 1478! et nº 2261!

Arbrisseau robuste, très élevé, à rameaux dressés, aiguillons forts, crochus, dilatés à la base; 5-7 folioles toutes pétiolées, *larges, orbiculaires, ovales aiguës, glabres*, vertes en dessus, *glaucescentes et velues en dessous sur les nervures*, dentées en scie à *dents calleuses au sommet, ciliées*; pétioles velus ou tomenteux, canaliculés en dessus, *parsemés de quelques glandes*; stipules glabres en dessus, un peu pubescentes en dessous, *dentées*, ciliées-glanduleuses aux bords, oreillettes divergentes; pédoncules *glabres ou velus*, solitaires ou en corymbe, munis de bractées glabres plus courtes ou égalant les pédoncules, à bords ciliés-glanduleux; tube du calice *globuleux-ovoïde*, glabre; sépales pinnatifides, appendiculés, à appendices lancéolés égalant ou dépassant la corolle, tomenteux en dedans et sur les bords, réfléchis à l'anthèse, puis redressés sur le fruit, mais non persistants à la maturité; styles courts, velus, disque peu saillant; fleurs d'un rose clair; fruit rouge, *ovoïde*.

Il diffère du *R. canina* par ses folioles beaucoup plus larges, orbiculaires-ovales, velues en dessous sur les nervures à dents ciliées, ses pétioles velus, ses stipules un peu pubescentes en dessous, le tube du calice globuleux, ovoïde, son fruit ovoïde. Il diffère du *R. dumetorum* par ses folioles plus larges, glabres en dessus, velues en dessous sur les nervures, le tube du calice globuleux-ovoïde, ses pédoncules glabres ou velus, surtout dans leur jeunesse, son fruit ovoïde. — Juin. Haies, buissons. — *Doubs*, Pontarlier (Grenier), La Cluse, près Pontarlier! — *Aude*,

Montagne-Noire, Le Mas-Cabardès (Ozanon); — *Puy-de-Dôme*, Clermont! — *Cher*, R. route de Bourges à Soye, La Servanterie, bois d'Yèvre.

65. R. CORIIFOLIA. Fries, novit., éd. 1, p. 33, éd. 2, p. 147; Dc., prod., 2, p. 623; Rchb., fl. excurs., 2, p. 623, nº 4014; *R. frutetorum*. Bess., Bor., fl. cent., éd. 2. nº 675, éd. 3, nº 855; *R. terebenthinacea*. Grenier, in Billot (non Besser).

Billot, exs., nº 1480!

Arbrisseau à aiguillons épars, durs, crochus, dilatés à la base, souvent géminés; pétioles *tomenteux*, *inermes;* 5-7 folioles toutes pétiolées, la terminale arrondie ou un peu rétrécie à la base, *ovales-arrondies ou elliptiques aiguës, fermes*, pubescentes en dessus, *velues*, *grisâtres en dessous*, *nerveuses*, simplement dentées à *dents ouvertes, plusieurs surchargées de petites dents accessoires, ciliées et mucronées;* stipules *larges*, glabres en dessus, tomenteuses en dessous, oreillettes aiguës, divergentes, ciliées; pédoncules *très courts*, lisses, solitaires ou groupés par 2 à 4, cachés par de larges bractées ovales, acuminées, plus longues que les pédoncules; tube du calice *globuleux*, glabre; sépales pinnatifides, glabres, tomenteux sur les bords, appendiculés à appendice égalant ou dépassant la corolle, réfléchis à l'anthèse, puis redressés, non persistants à la maturité; styles courts, velus; fleurs roses; fruit *arrondi*.

Il diffère du *R. platyphylla* par ses folioles ovales arrondies, fermes, nerveuses, pubescentes en dessus, mollement velues, grisâtres en dessous, ses pédoncules courts, lisses, son fruit arrondi et le tube du calice globuleux. Il diffère du *R. dumetorum* par ses folioles pubescentes en dessus, nerveuses, à dents surchargées de plusieurs petites dents accessoires, le tube du calice globuleux, ses styles velus et ses fleurs roses.

Ce ne peut être le *R. terebinthinacea*. Bes., comme le

dit M. Grenier dans les archives de M. Billot. Besser donne à sa plante des feuilles un peu visqueuses en dessous, répandant une suave odeur de térébenthine, doublement dentées, des pédoncules glanduleux, hispides. « *Foliolis ellipticis, biserratis... foliola magna, serraturis subglandulosis, lignum recens Pini sylvestris redolentia... pedunculisque setoso hispidis.* » Bess. En Pod. et Volh., 21. — Juin. Région des montagnes. R. — *Doubs*, Pontarlier (Grenier); — *Hautes-Alpes,* La Grave, les Lauzières (Ozanon); — *Cantal,* Murat (Clisson).

E. Feuilles plus ou moins velues, pédoncules velus ou hispides, styles hérissés.

66. R. CORYMBIFERA. Borkh. Holzart., p. 319; Gmel., fl. Bad.-Als., 2, p. 424, excl. syn.; Tratt., monog. ros., 2, p. 21; Bor., fl. cent., éd. 2, v. 2, p. 178, éd. 3, n° 849; *R. sylvestris.* Tabern.; Rchb., fl. excurs., 2 p. 620, n° 3998; *R. sepium.* Rau, enum ros., p. 80, non Thuil.

Wirtgen, exs., n° 231 !

Arbrisseau rameux, à aiguillons entassés, dilatés à la base, courbés, crochus, quelquefois géminés au dessous des feuilles; pétioles tomenteux, *souvent parsemés de petites glandes fines*, canaliculés en dessus, faiblement aiguillonnés en dessous; 5-7 folioles courtement pétiolées, la terminale aiguë ou arrondie à la base, *ovales, aiguës aux deux extrémités,* velues *principalement* en dessous, à nervures un peu saillantes, simplement dentées à dents *mucronées ciliées*; stipules *larges, lancéolées,* glabres en dessus, velues en dessous, à oreillettes aiguës, divergentes, ayant quelquefois des glandes aux bords; pédoncules terminaux, courts, *velus à la base*, surtout dans leur jeunesse, réunis en corymbe, les latéraux parfois ramifiés, cachés par les bractées qui les entourent, bractées ovales lancéolées, acuminées, ciliées et bordées de glandes pédicellées; tube du calice *ovoïde*, *glabre*; sépales pinnatifides, appendiculés, à appendices *longs, lancéolés, ciliés*, tomenteux en dedans, plus courts que la corolle, réfléchis à l'anthèse, puis caducs; styles courts, peu hérissés, disque peu saillant; fleurs roses; fruit *ovale*, glabre, d'un *rouge orangé*.

Il diffère du *R. canina* par ses pétioles tomenteux, ses folioles velues, ses pédoncules velus à la base, ses stipules velues en dessous. Il diffère du *R. dumetorum* par ses pétioles tomenteux et glanduleux, ses folioles ovales aiguës, ses pédoncules velus à la base, son fruit plus petit, rouge orangé, ovale. — Juin. Haies. — *Cher*, La Servanterie, près Mehun!

67. R. Deseglisei. Bor., fl. cent., éd. 3, n° 851.

Arbrisseau peu élevé, à rameaux flexueux, aiguillons des tiges robustes, à base en disque allongé, ceux des rameaux plus petits, blanchâtres, arqués ou courbés en faulx; pétioles *velus tomenteux*, *inermes;* 5-7 folioles toutes pétiolées, la terminale arrondie ou un peu rétrécie à la base, *ovales aiguës ou elliptiques,* d'un *vert pâle, velues en dessus et principalement en dessous*, simplement dentées à dents terminées par *un mucron calleux*, ciliées; stipules *étroites*, glabres en dessus, velues en dessous, bordées de quelques glandes au sommet; pédoncules solitaires ou geminés, *velus avec quelques soies glanduleuses, éparses,* rarement glabres, portant à leur base une ou deux petites bractées ovales acuminées, quelquefois foliacées au sommet, plus courtes ou égalant les pédoncules; tube du calice *ovoïde*, glabre; sépales *pubescents,* pinnatifides, à appendices courts, foliacés, peu saillants sur le bouton, plus courts que la corolle, réfléchis à l'anthèse, puis un peu redressés et caducs; styles courts, hérissés, disque un peu conique; fleurs d'un rose clair; fruit petit, *ovoïde ou arrondi.*

Il diffère du *R. canina* par ses pétioles velus tomenteux, inermes, ses folioles ovales aiguës, velues en dessus et en dessous, ses stipules pubescentes en dessous, ses pédoncules velus avec des soies glanduleuses, éparses, ses sépales pubescents, son fruit ovoïde ou arrondi. Il diffère du *R. dumetorum* par ses folioles ovales aiguës, ses pédoncules velus avec des soies glanduleuses, ses sépales pubescents, son fruit plus petit, ovoïde. — Juin. Haies, bois. — *Saône-et-Loire*, Saint-Forgeot, près d'Autun (Carion), Châlons-sur-Saône (Ozanon); — *Cher*, A. C. Saulzais-le-Potier, bois de Soye, bois de la Grange-Saint-Jean, les Bordes, Marmagne, Mehun, forêt du Rhin-du-Bois, la Bertherie, près d'Allogny, usages de Cerbois.

68. R. COLLINA. Jacq. Austr., tab. 197 (non Dc.); Gmel., fl. Bad.-Als., 4, p. 362; Pers., syn., 2, p. 50; Rau, enum. ros., p. 163; Tratt., monog., 2, p. 2; Rchb., fl. excurs., 2, p. 620, n° 3996; Bor., Bull. Soc. ind. d'Angers (1844), extr., p. 11, et fl. cent., éd. 2, n° 681, éd. 3, n° 862, et Cat. Maine et Loire, p. 79; *R. canina*, var. *collina*. Ser., in Dc., prod., 2, p. 614, exl. syn.; Pronv., monog. ros., p. 99; *R. canina*, 3e race *hispida* b. Bor., l. c., éd. 1, v. 2, p. 138.

Arbrisseau touffu, à aiguillons épars, grêles, recourbés ou presque droits, geminés au-dessous des feuilles; 5-7 folioles *ovales arrondies ou elliptiques*, fermes, coriaces, glabres ou presque glabres en dessus, *nerveuses*, *pubescentes en dessous*, *à nervure médiane*, *portant quelques glandes*, simplement dentées à dents ciliées et terminées par un mucron, toutes pétiolées, la terminale arrondie à la base; pétioles *pubescents*, plus ou moins *chargés de glandes stipitées*, aiguillonnés en dessous; stipules lancéolées, à bords glanduleux, glabres en dessus, velues en dessous, à oreillettes aiguës, divergentes; pédoncules *glanduleux*, *hispides*, solitaires ou en corymbe, munis de bractées ovales lancéolées, glabres, denticulées, ciliées-glanduleuses aux bords, égalant presque les pédoncules; tube du calice *ovale*, glabre ; sépales glabres, tomenteux aux bords et en dedans, bordés de quelques glandes stipitées, ciliés au sommet, pinnatifides, à appendices étroits, plus courts que la corolle, réfléchis, non persistants; styles courts, velus, disque plane; fleurs roses; fruit *gros*, *ovale*, *rouge*.

Il diffère du *R. canina* par ses folioles pubescentes en dessous, ses pétioles pubescents et glanduleux, ses stipules velues en dessous, ses pédoncules glanduleux. Il diffère du *R. Deseglisei* par ses pétioles pubescents et glanduleux, ses folioles ovales arrondies, à nervure médiane, portant quelques glandes, ses pédoncules glanduleux, hispides, son fruit gros, ovale. — Juin. Haies. R. — *Rhône*, Lyon, au-dessus du pont d'Alaï (Boreau); — *Cher*, R. R. Saint-Florent, bois de la Forêt; — *Maine et Loire*, Angers (Boreau).

Obs. La plante d'Angers me semble différente de la nôtre par ses pétioles peu velus ou parsemés de poils en dessus, ses folioles seulement pubescentes sur les nervures, dentées en scie, plusieurs surchargées de petites dents accessoires, ses styles glabres.

69 R. Friedlanderiana. Besser, enum. Pod. et Volh., p. 63; Tratt., monog. ros., 2 præf., p. ix; Bor., fl. cent., éd. 2, v. 2, p. 180, éd. 3, n° 863, et Cat. Maine et Loire, p. 79.

Arbrisseau à aiguillons comprimés, recourbés; pétioles pubescents glanduleux, canaliculés en dessus, aiguillonnés en dessous; 5-7 folioles fermes, coriaces, toutes pétiolées, la terminale arrondie à la base, *suborbiculaires*, ciliées, vertes et presque glabres en dessus, pâles, pubescentes en dessous, *nerveuses*, à *côte parsemée de glandes stipitées* qui rendent la nervure médiane rude au toucher, *doublement* dentées, les secondaires glanduleuses, les autres terminées par un mucron; stipules pubescentes en dessous, glabres en dessus, à bords ciliés glanduleux, oreillettes divergentes; pédoncules solitaires ou en corymbe hispides glanduleux, munis de bractées ovales acuminées, glabres en dessus, velues en dessous, bordées de glandes, égalant ou dépassant les pédoncules; tube du calice *ovoïde globuleux, contracté au sommet*, glabre ou hispide à la base; sépales deux tomenteux aux bords, les autres glabres, pinnatifides, appendiculés, bordés de glandes stipitées, tomenteux en dedans, réfléchis à l'anthèse, non persistants; *styles hérissés*, disque peu saillant; fleurs roses; fruit gros, *arrondi, contracté au sommet*, rouge à la maturité.

Il diffère du *R. collina* par ses folioles doublement dentées à dents secondaires, glanduleuses, le tube du calice ovoïde globuleux, contracté au sommet, ses styles hérissés, son fruit arrondi, contracté au sommet. — Juin. Haies. — *Rhône,* Lyon à Dardilly (Boreau).

70. R. ALBA. L., sp., 705; Lam., fl. fr., 3, p. 130; All., fl. Pedem., n° 1800; Krocker, fl. siles., 2, p. 148; Dc., fl. fr., 4, p. 448; Gilib., pl. d'Europ., p. 582; Gmel., fl. Bad.-Als., 2, p. 427; Pers., syn., 2, p. 49; Rau, enum. ros., p. 94; Tratt., monog. ros., 2, p. 41; Lois., Gall., 1, p. 362; Rchb., fl. excurs., n° 4007; Bor., fl. cent., éd. 2, n° 682, éd. 3, n° 864, et Cat. Maine et Loire, p. 79; Gonnet; fl. élém. de Fr., p. 480; *R. alba* a *vulgaris.*, Ser., in Dc., prod., 2, p. 622; *R. canina*, 3e race *hispida.* c. Bor., l. c., éd. 1, v. 2, p. 138.

Arbrisseau élevé, rameux, à rameaux diffus, aiguillons épars, arqués, les rameaux florifères presque inermes; pétioles pubescents, parsemés de quelques glandes fines, faiblement aiguillonnés; stipules étroites, à oreillettes aiguës, glanduleuses sur les bords; 5-7 folioles ovales orbiculaires ou brièvement cuspidées, glabres, d'un vert foncé en dessus, pubescentes, grisâtres en dessous, simplement dentées; pédoncules solitaires ou en corymbe, hérissés glanduleux; tube du calice ovoïde, hérissé à la base; sépales pinnatifides, appendiculés, pubescents glanduleux, réfléchis à l'anthèse; styles courts, hérissés; fleurs simples, blanches, odorantes. — Mai, juin. Haies. — *Cher*, bois La Brosse, longeant les prés de Travaille-Coquin, près Saint-Florent (Blondeau, 1829); — *Loiret*, environs d'Orléans (Jullien).

Sect. VIII. — RUBIGINOSÆ.

Feuilles glabres ou velues en dessus, plus ou moins chargées de glandes en dessous, simplement ou doublement dentées, styles libres (*R. Klukii* a les styles soudés un peu en colonne), glabres, velus ou hérissés; sépales pinnatifides, pédoncules lisses ou hispides, fleurs roses ou blanches, fruits ovoïdes, oblongs ou arrondis.

71. R. tomentella. Leman, bull. philom. (1818), extr., p. 10, n° 14; Bor., fl. cent., éd. 2, n° 683, éd. 3, n° 865, et Cat. Maine et Loire, p. 79; Déség., in Billot, archiv. fl. de Fr. et d'All., p. 334.

Billot, exs., n° 1477 !

Arbrisseau rameux, un peu touffu, peu élevé, à rameaux lâches, d'un vert grisâtre, aiguillons des vieux bois forts, très dilatés à la base, inclinés au sommet, ceux des rameaux plus petits, crochus ou courbés en faulx; 5-7 folioles *ovales arrondies*, pointues, légèrement velues en dessus, *pubescentes en dessous et chargées de quelques glandes sur les nervures, doublement* dentées à dents glanduleuses, toutes pétiolées, la terminale arrondie à la base, pointue au sommet; pétioles *velus glanduleux*, canaliculés en dessus, aiguillonnés en dessous; stipules assez larges, glabres en dessus, pubescentes en dessous, oreillettes courtes, divergentes, bordées de glandes; pédoncules courts, *glabres ou glanduleux*, solitaires ou en corymbe, ordinairement cachés par de larges bractées ovales acuminées, plus ou moins velues en dessous, glabres en dessus, à bords ciliés-glanduleux, égalant ou dépassant les pédoncules; tube du calice *ovoïde ou arrondi, glabre;* sépales pinnatifides, les intérieurs un peu tomenteux aux bords, les autres glabres, à appendices bordés de glandes pédicellées, réfléchis à l'anthèse, puis caducs; styles hérissés *un peu en colonne à la base*, disque un peu saillant; fleurs moyennes, d'un rose pâle; fruit arrondi, rouge-orangé.

Il ressemble au *R. obtusifolia*, s'en distingue par ses pétioles velus et glanduleux, ses folioles doublement dentées à dents glanduleuses, et portant en dessous sur les nervures des glandes, ses pédoncules parfois hispides, ses styles un peu en colonne à la base, ses fleurs d'un rose pâle, son fruit arrondi d'un rouge-orangé. — Mai, juin. Haies, bois. — *Var*, Le Luc (Hanry); — *Rhône*, Lyon à Roncière (Boreau); — *Doubs*, Mont-Brégille à Besançon! — *Saône-et-Loire*, c. à Châlons-sur-Saône (Ozanon); — *Cher*, c. haies de la route de Joubeau à Saint-Méryans, près Préveranges, Epineuil-le-Fleuriel, Bourges, Saint-Martin-d'Auxigny, forêts d'Allogny, du Rhin-du-Bois, Saint-Eloy-de-Gy, Allouis, Mehun; — *Loir-et-Cher*, Salbris! — *Maine et Loire*, Angers (Boreau); — *Savoie*, Pringy, près d'Anneci (Boreau).

72. R. Blondæana. Ripart!

R. trachyphilla. Bor., fl. cent., éd. 3, n° 866, *pro parte* (non Rau); Déségl., exsic.

Arbrisseau élevé, rameux, à aiguillons des tiges robustes, dilatés à la base, crochus, ceux des rameaux moins forts, courbés; pétioles *sillonnés* en dessus et *chargés* de glandes fines stipitées, *presque* inermes *ou faiblement* aiguillonnés en dessous de trois petits aiguillons; 5-7 folioles toutes pétiolées, la terminale arrondie ou rétrécie à la base, *ovales cuspidées ou ovales obtuses, ou obovales*, fermes, glabres, *d'un vert foncé, luisant* en dessus, *opaques* en dessous, nerveuses, *à nervure médiane seule saillante, brunâtre, glanduleuse*, les secondaires *parsemées* de glandes qui disparaissent avec l'âge, doublement dentées à dents surchargées de dents accessoires et de glandes pédicellées; stipules *larges,* glabres en dessus, parsemées de glandes en dessous, à bords glanduleux, oreillettes *acuminées, dressées;* pédoncules ord. réunis 2-7 en bouquet, *parsemés de quelques glandes* pédicellées, peu développées et en petit nombre, portant à leur base des bractées larges, ovales cuspidées, glabres, à bords glanduleux, ord. plus longues que les pédoncules et ayant parfois une petite bractée beaucoup plus courte qu'eux; tube du calice ovoïde, hispide à la base; sépales ovales lancéolés, glanduleux, pinnatifides, à appendices linéaires, bordés de glandes pédicellées, réfléchis à l'anthèse, puis redressés, non persistants; styles *hérissés,* disque conique; fleurs grandes, d'un rose pâle, fruit gros, ovoïde, arrondi.

Il diffère du *R. trachyphylla* par ses pétioles seulement glanduleux et *non* plus ou moins pubescents et glanduleux, ses folioles d'un vert sombre, luisant en dessus, opaques en dessous, nerveuses, à nervure médiane seule saillante, brunâtre, glanduleuse, ses stipules larges, à oreillettes acuminées, dressées, ses pédoncules moins glanduleux, ses styles hérissés, *non* velus. — Juin. Haies. — *Cher,* c. c. Bourges, place Séraucourt (Ripart), Trouy, Bijou, Soye, Turly, La Chapelle-Saint-Ursin, Berry-Bouy, Roulon, commune de Berry, Mehun, la Servanterie, Vierzon, Chaillot; — *Loiret*, Orléans à Maison-Rouge,

Saint-Denis-en-Val (Jullien); — *Loir-et-Cher*, Garnison, commune de Cour-Cheverny (Franchet).

73. R. TRACHYPHYLLA. Rau, enum. ros., p. 124; Tratt., monog. ros., 2 p. 34; Rchb., fl. excurs., p. 619, n° 3991; Billot, exs., n° 2061! excl. syn.; Wirtgen, exs., n° 23! n° 234?

Arbrisseau assez élevé, à aiguillons dilatés à la base, crochus, ceux des rameaux moins forts, droits ou recourbés; pétioles *un peu velus en dessus*, surtout à l'insertion des folioles et chargés de glandes stipitées, faiblement aiguillonnés en dessous; 5-7 folioles toutes pétiolées, la terminale arrondie à la base, *ovales elliptiques ou ovales cuspidées*, celles de la base des rameaux florifères arrondies, *d'un vert clair* et glabres en dessus, *plus pâles* en dessous, nerveuses, *toutes* les nervures *blanchâtres, saillantes, même les nervures tertiaires*, la côte parsemée de quelques glandes, et sur la surface inférieure des folioles, se trouvent des glandes éparses qui disparaissent avec l'âge, doublement dentées à dents glanduleuses; stipules *lancéolées*, glabres en dessus, d'un vert pâle en dessous et *nerveuses* comme les folioles parsemées de quelques glandes, oreillettes *aiguës, divergentes;* pédoncules ord. solitaires ou réunis 2 ou 3 en bouquet, hispides glanduleux, portant des bractées larges, *ovales acuminées*, glabres, bordées de glandes, égalant ou dépassant le pédoncule; tube du calice ovoïde, glabre, seulement hispide à la base; sépales ovales lancéolés, glanduleux, pinnatifides, à appendices linéaires, bordés de glandes stipitées, réfléchis à l'anthèse, non persistants; styles *courts*, *velus*, disque conique, fleurs grandes, d'un rose pâle; fruit ovoïde.

Il diffère du *R. flexuosa* par ses pétioles un peu velus en dessus, non pubescents, ses folioles glabres en dessus, à nervures blanchâtres et toutes saillantes, non pubescentes sur les nervures, ses bractées glabres, ses styles velus, disque conique, ses fleurs d'un rose pâle, son fruit ovoïde. — Juin. Haies, buissons, R. — *Meurthe*, Nancy, à la carrière de Balin (Mathieu).

Obs. Il serait assez difficile de dire ce que M. Grenier décrit sous le nom de *R. trachyphylla* dans sa flore de France, attendu que notre plante n'a nullement le port du *R. hybrida*, et que ses feuilles n'ont aucune ressemblance avec celles du *R. Gallica*, La plante de Rau est un arbrisseau élevé qui a le port du *R. canina*; mais par les glandes qui se trouvent à la face inférieure des folioles appartient à la section des *rubiginosæ*. Quant au *R. spinulifolia* Dem. que M. Grenier met en synonyme à la plante de Rau, c'est une autre espèce bien caractérisée et différente du *R. trachyphylla* et qui aussi fait partie de la section des *rubiginosæ*.

74. R. Pugeti. Boreau (Mss.) (1).

Sous-arbrisseau de 5 à 12 décimètres, à tiges isolées, ne formant pas buisson; racine rampante, rameaux flexueux, souvent lavés de violet, aiguillons peu nombreux, comprimés, droits, allongés, souvent nuls sur les rameaux florifères, stipules oblongues, glanduleuses en dessous et sur les bords, à oreillettes lancéolées, divergentes; pétioles pubescents, très glanduleux, portant quelques aiguillons; 5-7 folioles larges, ovales, aiguës ou quelques-unes obtuses, doublement dentées à dents aiguës, glanduleuses, parsemées en dessus de quelques poils apprimés, et en dessous, surtout sur les nervures d'une villosité fine et de glandes éparses, presque glabres à l'état adulte; pédoncules solitaires, ou 2-4 hispides glanduleux; calice à tube ovoïde, hispide, sépales tomen-

(1) M. Boreau m'a communiqué la description de cette espèce que je donne textuellement.

teux en dedans, glanduleux en dehors, à appendices pinnatifides, allongés, très glanduleux, saillants sur le bouton, mais n'atteignant pas les pétales épanouis, étalés-réfléchis après la fleuraison et persistants sur le fruit; styles courts, hérissés, sur un disque plane, fruit globuleux, hérissé de soies glanduleuses qui disparaissent en partie à la maturité; carpelles sessiles. Fleurs grandes, roses d'abord, puis pâlissant peu à peu, pétales élargis et échancrés au sommet. Fin de mai et juin. — Maturation du fruit vers le milieu de septembre. Les bois où il se montre disséminé à l'exposition du Midi ou du Levant. Départ. de la Haute-Savoie, aux environs d'Anneci.

Décrit sur les notes et les exemplaires envoyés par M. l'abbé Puget qui a découvert cette belle espèce qui lui est dédiée. A. Boreau.

Espèce très voisine du *R. flexuosa* dont elle diffère par ses tiges isolées, peu élevées, ne formant pas buisson, ses aiguillons droits, souvent nuls sur les rameaux florifères, ses folioles plus larges, ovales aiguës, son fruit globuleux et ses sépales persistants sur le fruit. A. D.

75. R. flexuosa. Rau, enum. ros., p. 127 (non Raff.); Tratt., monog. ros., 2, p. 74; Rchb., fl. excurs., n° 3989; Bor., fl. cent., éd. 2, n° 665, éd. 3, n° 867; *R. fœtida*. Bor., l. c., éd. 1, n° 404, excl. syn.

Arbrisseau peu élevé, rameux, à rameaux rougeâtres, luisants, flexueux, aiguillons comprimés, dilatés à la base, droits, recourbés, solitaires ou géminés au dessous des feuilles; 5-7 folioles *elliptiques ovales*, *à base arrondie*, fermes, vertes, *parsemées* de quelques poils en dessus, pâles, glaucescentes en dessous, nerveuses, *pubescentes et glanduleuses* sur les nervures, surtout dans leur jeunesse, un peu rudes au toucher, doublement dentées à dents surchargées de glandes, toutes pétiolées, la terminale arrondie à la base; pétioles pubescents, très glanduleux, aiguillonnés : stipules inférieures étroites, glanduleuses, à oreillettes divergentes, les supérieures dilatées ; pédoncules solitaires ou en corymbe, hispides, glanduleux, munis de 2 ou 3 bractées ovales, acuminées, *plus ou moins* pubescentes, glanduleuses en dessous, glabres en dessus, bordées de glandes pédicellées, à peu près de la longueur des pédoncules ; tube du calice *ovoïde*, hispide glanduleux à la base ; sépales lancéolés, acuminés, chargés de glandes, à appendices linéaires, bordés de glandes stipitées, réfléchis à la fleuraison, puis couronnant le fruit avant la maturité, non persistants, plus courts que la corolle ; styles courts, hérissés, disque plane ou peu saillant ; pétales grands, obcordés, d'un beau rose ; fruit *glabre*, coriace, arrondi, rouge.

Il diffère du *R. Jundzilliana* dont il est très voisin par ses folioles qui ne sont pas tout à fait glabres en dessus, pubescentes et glanduleuses en dessous sur les nervures, ses stipules plus étroites, le tube du calice ovoïde, non contracté au sommet, son fruit moins gros, glabre. — Juin. Haies, bois. R. — *Rhône*, Lyon à Charbonnière (Boreau), Tassin (Ozanon) ; — *Cher*, Plou, Poisieux (Blondeau, 1831, qui la connaissait aussi à Marmagne et la nommait *R. montana*. vill.), bois de Marmagne, bois des Granges et de Charron, commune de Marmagne, bois du Corpouay, commune de Saint-Eloy-de-Gy, bois de Rouet et de la Touche, commune de Mehun, forêt du Rhin-du-Bois, La Servanterie, usages de Cerbois Galembert.

76. R. JUNDZILLIANA. Besser, cat. Crem. (1816), p. 117, et enum. Pod. et Volh., p. 67 ; Tratt., monog. ros., 2, p. 77 ; Rchb., fl. excurs., n° 4013 ; Bor., fl. cent., éd. 3, n° 868 ; Déségl., in Billot, annot. fl. de Fr, et d'All., p. 126.

Billot, exs., n° 2262 !

Arbrisseau assez élevé, touffu, rameux, à aiguillons

longs, dilatés à la base, presque droits et inégaux sur les jeunes rameaux; 5-7 folioles, toutes pétiolées, la terminale arrondie à la base, *assez larges*, *ovales elliptiques*, fermes, glabres, vertes en dessus, plus pâles en dessous, rudes, nerveuses, *à nervures parsemées de poils et de glandes odoriférantes,* surtout dans leur jeunesse, doublement dentées à dents surchargées de glandes stipitées; pétioles pubescents chargés de glandes, aiguillonnés; stipules lancéolées, glabres en dessus, glanduleuses en dessous, *à oreillettes aiguës*, *droites,* bordées de petites glandes, les stipules supérieures dilatées; pédoncules solitaires ou réunis 2-4, fortement hispides glanduleux, munis ordinairement de 2 bractées ovales ou lancéolées, acuminées, quelquefois foliacées, glabres en dessus, glanduleuses en dessous, *égalant ou moitié plus courtes* que les pédoncules; tube du calice *ovoïde arrondi, contracté au sommet*, hispide à la base; sépales lancéolés, glanduleux, pinnatifides, à appendices sétacés, bordés de glandes pédicellées, plus courts que la corolle, réfléchis à la fleuraison, puis redressés sur le fruit avant la maturité et caducs; styles courts, hérissés; fleurs grandes, d'un beau rose; fruit assez gros, rouge, arrondi, hispide à la base.

Il diffère du *R. flexuosa* par ses folioles plus larges, glabres en dessus, ses stipules seulement glanduleuses en dessous, à oreillettes droites, le tube du calice ovoïde arrondi, contracté au sommet, ses bractées égalant ou moitié plus courtes que les pédoncules. Il diffère du *R. Klukii* par ses feuilles plus grandes, ses stipules lancéolées, le tube du calice ovoïde arrondi, contracté au sommet, hispide à la base, ses styles libres, ses fleurs grandes, d'un beau rose, son fruit gros, arrondi, hispide à la base. — Juin. Bois, haies. — *Rhône,* Lyon, au-dessus du pont d'Alaï (Boreau); — *Cher,* R. Bourges, bois de Marmagne, bois des Granges, commune de Marmagne, forêt du Rhin-du-Bois, bois de Gérissé, de Roulon, commune de Berry, Mehun, Vaubut, Quincy, la Servanterie; — *Loir-et-Cher,* Gièvres, près l'Escouriou (Franchet).

77. R. Klukii. Besser, in Spreng. syst., 2, p. 553; Tratt., monog. ros., 2, p. 70; Bor., fl. cent., éd. 2, n° 684, éd. 3, n° 869, et Cat. Maine et Loire, p. 80; Déségl., in Billot, annot. fl. de Fr. et d'All., p. 10; *R. stylosa glandulosa*, Ser., in Dc., prod. 2, p. 599.

Billot, exs., n° 1665!

Arbrisseau droit, élevé, à aiguillons robustes, dilatés à la base, arqués au sommet, épars; 5-7 folioles toutes pétiolées, la terminale rétrécie à la base, arrondie au sommet ou aiguë aux deux extrémités, *ovales elliptiques, aiguës,* glabres, d'un vert luisant en dessus, *un peu velues en dessous sur les nervures*, glanduleuses, doublement dentées à dents glanduleuses; pétioles pubescents, chargés de glandes, aiguillonnés en dessous; stipules étroites, glabres en dessus, plus ou moins chargées de glandes en dessous, ciliées glanduleuses, à oreillettes aiguës, divergentes; pédoncules *glabres ou hispides,* ordinairement en corymbe, munis de bractées ovales acuminées, glanduleuses en dessous, glabres en dessus, bordées de glandes, égalant ou dépassant les pédoncules; tube du calice *ovale, glabre;* sépales pinnatifides à appendices bordés de glandes pédicellées, réfléchis à l'anthèse, puis redressés, couronnant le fruit avant la maturité, non persistants; styles hérissés, *un peu soudés en colonne courte*; fleurs blanches ou rosées; fruit *ovale, arrondi à la base, un peu atténué au sommet.*

Il diffère du *R. sepium* par ses folioles ovales, non aiguës aux deux extrémités, un peu velues en dessous, les bractées qui accompagnent les pédoncules glanduleuses en dessous, ses pédoncules parfois hispides, le tube du calice ovale, ses styles hérissés un peu en colonne, son fruit ovale arrondi. — Juin. Haies. — R. *Saône-et-Loire*, Châlons-sur-Saône (Ozanon); — *Cher*, Bourges (Tourangin), Garenne-d'Orval, Chapelle-Saint-Ursin, Berry, Allouis, Mehun, La Servanterie; — *Loiret*, Orléans (Jullien).

78. R. LUGDUNENSIS. Nob.; *R. graveolens*. Gr. et Godr., fl. de F., 1, p. 560, *pro part.*

Arbrisseau à rameaux étalés, aiguillons épars, inégaux, dilatés à la base, ceux des rameaux petits, géminés, presque droits; pétioles pubescents, glanduleux, inermes ou munis de rares petits aiguillons sétacés; 5 folioles pétiolées, la terminale aiguë aux deux extrémités, *petites, ovales elliptiques*, aiguës aux deux extrémités, parsemées de poils apprimés en dessus, *pubescentes*, *glanduleuses en dessous*, dentées en scie à dents glanduleuses; stipules parsemées de glandes en dessous, glabres en dessus, oreillettes aiguës, divergentes; pédoncules *courts*, *glabres*, solitaires ou en bouquet, munis à leur base de bractées lancéolées, acuminées, parsemées de glandes en dessous, glabres en dessus, plus longues que les pédoncules; tube du calice *petit, arrondi*, glabre; sépales glabres, pinnatifides, à appendices étroits, bordés de glandes pédicellées, réfléchis à l'anthèse, puis redressés connivents; styles *courts*, *libres*, *velus*; fleurs..., fruit *petit*, *sphérique*, *couronné par les sépales persistants*.

Port et aspect du *R. sepium*, mais en différant par ses pétioles velus, glanduleux; dans le *R. sepium*, ils sont seulement glanduleux, ses folioles pubescentes en dessous et parsemées de poils en dessus, ses styles velus, son fruit petit, sphérique, couronné par les sépales persistants. Il diffère du *R. Klukii* par ses folioles petites, aiguës aux deux extrémités, son fruit sphérique, couronné par les sépales, ses styles velus, libres. Il diffère du *R. rubiginosa* par ses aiguillons plus grêles, ses feuilles aiguës, ses pédoncules et le tube du calice glabres, son fruit petit, couronné par les sépales persistants. — R. R. *Rhône*, Lyon, route de Villeurbanne (Boreau).

79. R. LEMANII. Bor., fl. cent., éd. 3, n° 875, et Cat. Maine et Loire, p. 80; *R. hystrix*. Leman, bull. phil. (1818), extr., p. 18, n° 19 (non Lindl.); Bor., l. c., éd. 2, v. 2, p. 182.

Arbrisseau à rameaux *floraux flexueux*, alternes le long de la tige, aiguillons crochus, comprimés à la base; pétioles *chargés de glandes* et faiblement aiguillonnés en dessous; 5 folioles toutes pétiolées, la terminale aiguë à la base, *petites*, *ovales ou elliptiques, aiguës à la base,* glabres en dessus, couvertes en dessous de glandes fauves, *à nervure médiane plus ou moins velue,* doublement dentées à dents ouvertes, glanduleuses; stipules étroites, glabres en dessus, glanduleuses en dessous, oreillettes aiguës, droites; pédoncules courts, *hispides,* solitaires ou en bouquets, munis à leur base de bractées ovales, acuminées, *glabres,* bordées de glandes, plus longues que les pédoncules; tube du calice *oblong, lisse ou hispide à la base*; sépales glabres, pinnatifides, à appendices linéaires, bordés de glandes, tomenteux en dedans et un peu sur les bords, dépassant ou égalant la corolle, réfléchis à l'anthèse, non persistants; *styles glabres, un peu soudés en colonne courte,* disque plane; fleurs *assez petites*, *roses*; fruit petit, ovoïde arrondi.

Il diffère du *R. sepium* par ses folioles ovales, non aiguës aux deux extrémités, à nervure médiane plus ou moins velue, pédoncules hispides, le tube du calice oblong, parfois hispide à la base. Par ses styles un peu soudés en colonne courte, il se rapproche du *R. Klukii,* mais en diffère par ses pétioles seulement glanduleux, ses folioles petites, ses bractées glabres, le tube du calice parfois hispide à la base, ses sépales plus promptement caducs, ses styles glabres, ses fleurs petites et son fruit ovoïde arrondi. — Juin. Bois secs, coteaux pierreux. — *Saône et-Loire,* Chavannes (Carion); — *Cher*, R. Le Corpouay et Fontiley, commune de Berry; route de Dame à Valio, commune de Saint-Eloy-de-Gy; Marmagne.

80. R. SEPIUM. Thuil., Par. (1799), p. 252; Dc. fl. fr., 5, p. 538, excl. syn.; Mérat, Par. (1812), p. 192; Leman, bull. phil. (1818), extr., p. 10, nº 21; Tratt., monog., 2, p. 32; Bor., fl. cent., éd. 2, nº 685, éd. 3, nº 870, et Cat. de Maine et Loire, p. 80; Godet, fl. Jura, p. 214; *R. canina* b. *sepium* Dc., l. c., 4, p. 447; *R. sepium*, var. *rosea*. Desv., jour. bot. (1813), 2, p. 116; *R. rubiginosa*, var. *sepium*. Ser., in Dc., prod., 2, p. 617; Cheval., fl. Par., 2, p. 691; Gr. et Godr., fl. de Fr., 1, p. 560.

Billot, exs., nº 1871!

Arbrisseau élevé, rameux, à rameaux longs, pendants ou dressés, très épineux, à aiguillons épars, inégaux, dilatés à la base, recourbés au sommet; pétioles *chargés de glandes*, aiguillonnés en dessous; 5-7 folioles courtement pétiolées, la terminale longuement pétiolée, aiguë à la base, *d'un vert luisant, glabres en dessus, parsemées en dessous de glandes visqueuses, obovales lancéolées, aiguës aux deux extrémités*, dentées en scie à dents chargées de glandes; stipules étroites, glabres en dessus, glanduleuses en dessous, oreillettes peu divergentes; pédoncules glabres, solitaires ou réunis en corymbe, munis à leur base de bractées *ovales acuminées, glabres*, bordées de glandes, plus longues que les pédoncules; sépales un peu tomenteux aux bords, glabres, pinnatifides, à appendices linéaires, bordés de glandes pédicellées, plus longs que la corolle, réfléchis à l'anthèse, non persistants; tube du calice glabre, *ovale oblong*; styles *presque glabres* ou faiblement hérissés, disque presque plane; fleurs blanches ou roses; fruit *ovoïde oblong*, rouge.

Il diffère du *R. canina* par ses folioles glanduleuses, visqueuses en dessous, ses pétioles glanduleux. Il diffère du *R. rubiginosa* par ses aiguillons moins robustes, ses folioles aiguës aux deux extrémités, glabres en dessus et en dessous, seulement chargées de glandes visqueuses en dessous, ses pétioles glanduleux, non *pubescents-glanduleux*, ses pédoncules et le tube du calice toujours glabres, jamais hispides. — Juin, juillet. Haies, bois. c. — *Gard*, Anduze (Miergue); — *Aude*, Montagne-Noire, Le Mas-Cabardès (Ozanon); — *Rhône*, Lyon, Villeurbanne, Dessines (Ozanon); — *Saône-et-Loire*, Autun, Parepas (Carion), Châlons-sur-Saône (Ozanon); — *Cher*, C. Bourges, Brécy, Chapelle-Saint-Ursin, Allogny, Mehun, etc.; — *Indre*, Châteauroux (Boreau); — *Vendée*, Auzay (Letourneux).

81. P. AGRESTIS. Savi, fl. Pis., 1, p. 475 (non Gmel.); Poli. Veron., tab. 2, f. 4, vol. 2, p. 144; Rchb., fl. excurs., n° 3988; Guss., syn. Sicul., 1, p. 565; Bor., fl. cent., éd. 3, n° 871; Déségl., in Billot, annot. fl. de Fr. et d'All., p. 127; *R. myrtifolia*. Haller fils; Bor., fl. cent., éd. 2, v. 2, p. 181; *R. sepium*. b. *parviflora*. Bast., sup. fl. de Maine et Loire, p. 31; *R. sepium alba*, Desv., jour. bot. (1813) 2, p. 116.

Billot, exs., n° 2263 !

Petit arbrisseau rameux, à rameaux verdâtres, divariqués, tombants, épineux, à aiguillons du vieux bois assez forts, dilatés à la base, presque droits, ceux des jeunes rameaux petits, géminés; pétioles glanduleux, aiguillonnés en dessous; 5-7 folioles courtement pétiolées, la terminale longuement pétiolée, aiguë à la base, *petites*, *ovales*, aiguës aux deux extrémités, glabres en dessus, *un peu glanduleuses en dessous*, dentées en scie à dents glanduleuses; stipules étroites, glabres en dessus, parsemées de glandes en dessous, à bords glanduleux, oreillettes divergentes; pédoncules courts, glabres, *solitaires*, rarement réunis deux sur le même point, portant à leur base deux bractées opposées, ovales, aiguës au sommet, glabres, bordées de glandes, et cachant les pédoncules; sépales intérieurs tomenteux aux bords, les autres glabres, pinnatifides, à *appendices sétacés*, bordés de glandes pédicellées, réfléchis à l'anthèse, puis redressés et caducs; tube du calice *ovale*, glabre; fleurs *petites*, *blanches;* styles courts, *glabres;* fruit *ovoïde*, *noir à la maturité.*

Très voisin du *R. sepium* dont il diffère par un port différent, ses folioles petites, ovales, ses pédoncules toujours solitaires, non réunis en corymbe, ses styles glabres, ses fleurs blanches, petites, son fruit ovoïde plus petit. — Juin. Lieux pierreux et chauds. — *Gard*, Anduze (Miergue); — *Var*, Le Luc (Hanry); — *Saône-et-Loire,* Monthelon, près d'Autun (Carion); — *Cher*, R. Bourges, Saint-Martin-d'Auxigny, Fontiley, commune de Berry, Rhin-du-Bois, Mehun.

82. R. Biturigensis. Bor., fl. cent., éd. 2, v. 2, p. 630, éd. 3, n° 835.

Schultz, exs., n° 1445 ! herb. norm., n° 44 !

Arbrisseau formant un buisson arrondi, à rameaux rougeâtres, *aiguillons très nombreux*, inégaux, très dilatés, comprimés, grêles, les plus petits droits, les autres peu courbés; pétioles *couverts de glandes*, aiguillonnés en dessous; 7 folioles toutes pétiolées, la terminale arrondie ou aiguë à la base, *arrondies ou obtuses*, glabres, d'un vert sombre en dessus, rougeâtres à l'automne, *un peu velues et chargées de glandes en dessous*, doublement dentées à dents ouvertes, glanduleuses; stipules étroites, glabres en dessus, chargées de glandes en dessous, oreillettes aiguës, divergentes; pédoncules *très courts*, *solitaires ou géminés*, *lisses,* munis de deux petites bractées *ovales*, *glabres*, bordées de glandes pédicellées, plus longues que les pédoncules; tube du calice *petit, globuleux*, glabre; sépales, les intérieurs tomenteux aux bords, les autres glabres, bordés de glandes, peu pinnatifides, longuement appendiculés, à appendices bordés de glandes, tomenteux en dedans, réfléchis à l'anthèse, puis dressés, non connivents, *persistants sur le fruit;* styles très hérissés, presque velus; fleurs blanches; fruit *globuleux, rouge.*

Aspect du *R. spinosissima* dont il diffère par ses tiges couvertes de nombreux aiguillons très dilatés et comprimés à la base, ses folioles d'un vert sombre doublement dentées, glanduleuses en dessous, par son fruit plus gros, rouge, couronné par les sépales persistants. Voisin par ses caractères du *R. rubiginosa* dont il diffère par la forme différente de ses aiguillons, ses pétioles seulement glanduleux, ses folioles arrondies plus petites, d'un vert sombre, glabres et seulement glanduleuses en dessous, ses pédoncules toujours lisses, le tube du calice globuleux, glabre, ses sépales persistants sur le fruit, ses fleurs blanches très précoces, son fruit globuleux, rouge. — Mai, juin. Haies des vignes, côteaux pierreux. — R. R. *Cher*, c. autour de Bourges, Chapelle-Saint-Ursin.

83. R. Jordani. Nob.; *R. rubiginosa*, var. *glabra*. Rau, enum. ros., p. 137; Bor., fl. cent., éd. 3, v. 2, p. 757.

Arbrisseau rameux, à aiguillons épars, robustes, très larges, dilatés à la base, crochus, géminés; pétioles *couverts de glandes inermes* ou munis de rares aiguillons sétacés; 5-7 folioles d'un vert pâle, *petites, obovales, rétrécies à la base ou arrondies,* glabres en dessus, couvertes en dessous de glandes odorantes, rudes au toucher, doublement dentées à dents glanduleuses; stipules courtes, *glabres,* bordées de glandes, oreillettes droites ou peu divergentes; pédoncules solitaires ou réunis 2-3, *glabres, très courts*, entièrement cachés par deux bractées larges, acuminées, glabres, bordées de glandes; sépales pinnatifides, appendiculés, *glabres*, à appendices linéaires bordés de glandes, réfléchis à la fleuraison; styles courts, velus; fleurs..., fruit *gros*, *sphérique*, *glabre*, rouge, précoce, couronné par le calice avant la maturité.

Voisin du *R. rubiginosa* dont il diffère par ses pétioles couverts de glandes, non pubescents glanduleux, ses folioles plus petites, glabres en dessus, ses pédoncules et le tube du calice glabres, son fruit sphérique, lisse, rouge, plus précoce. Il diffère du *R. Biturigensis* par ses aiguillons épars, très larges, crochus et plus robustes, ses pétioles presque inermes, ses folioles ovales, d'un vert pâle, ses sépales du calice couronnant le fruit avant la maturité, non persistants. — R. R. *Puy-de-Dôme*, Clermont! escarpements de la route de Clermont à Bordeaux. *Ubi eam legi*, 8, *Aug.*, 1856; — *Cher*, La Chapelle-Saint-Ursin (Ripart).

84. R. PERMIXTA. Nob.; *R. rubiginosa*. Aït., hort. Kew., 2, p. 206 (non Lin.); Krocker, fl. Siles., 2, p. 139; Smith, fl. Brit., p. 540; Spreng., fl. Hal., p. 146; Pers., syn., 2, p. 49; Wallr., ann. bot., p. 64; Roth, fl. Germ., 2, p. 558; Guss., syn. Sicul., 1, p. 565; *R. rubiginosa* a. *vulgaris*. Rau, enum. ros., p. 130 (1).

Arbrisseau élevé, touffu, chargé d'aiguillons nombreux, forts, inégaux, dilatés à la base, crochus; pétioles pubescents chargés de glandes, aiguillonnés en dessous; 5-7 folioles *ovales, arrondies à la base, ou ovales elliptiques*, courtement pétiolées, la terminale longuement pétiolée, arrondie à la base, obtuse au sommet, glabres ou parsemées de poils en dessus, *pubescentes en dessous sur les nervures*, chargées de glandes fauves, odorantes, doublement dentées à dents glanduleuses; stipules étroites, pubes-

(1) C'est le *R. rubiginosa* des auteurs qui décrivent cette plante avec le fruit ovale, tandis que Linné dit : *germinibus globosis*.

centes, glanduleuses en dessous, glabres en dessus, oreillettes divergentes; pédoncules solitaires ou en corymbe peu fourni, hispides, glanduleux, munis à leur base de bractées ovales, acuminées, glabres en dessus, *velues* en dessous, ciliées et bordées de glandes pédicellées égalant ou plus courtes que les pédoncules; tube du calice *ovale*, *glabre ou hispide seulement à la base*; sépales glanduleux, un peu tomenteux aux bords, pinnatifides, à appendices étroits, bordés de glandes pédicellées, réfléchis à l'anthèse, puis dressés, non connivents, caducs avant la maturité, *styles glabres*, disque un peu saillant; fleurs roses; *fruit ovale*, glabre, rouge. — Juin, juillet. Haies — *Cher*, Villeneuve-Jardin, près Brécy, Cragny, Roulon, commune de Berry, Allouis, commune de Mehun, Boursac, commune d'Allogny.

Il y a parmi les auteurs une grande confusion relativement au *R. rubiginosa* L. Il n'y a pas une description complète qui puisse servir de base pour reconnaître cette espèce que l'on indique dans nos flores comme vulgaire. Dc., fl. fr., 4, p. 446, dit du *rosa rubiginosa* : *fruit ellipsoïde*. Mérat, fl. Par. (1812), p. 191, donne à son *rosa rubiginosa des pédoncules glabres et un fruit ovale*. Desvaux, fl. de l'Anjou, 1826, dit : *fruit oblong*. Leman, bull. philom., p. 10, nº 18 : *fruit elliptique*. Trattinick, monog., 2, p. 82, donne à sa plante des fruits *obovales ou subglobuleux ou elliptiques*. Wahlenberg, fl. Suæc., p. 313, dit : *fruit oblong*. Guss., syn. sic., 1, p. 565, attribue au *R. rubiginosa* des *fruits ovales ou obovales turbinés*.

La majeure partie des auteurs décrivent le *R. rubiginosa* avec des fruits arrondis, mais ne faisant aucune mention de la forme des styles, sauf Lindley et Pronville qui disent styles velus! Ne sachant à quelle forme je devais donner le nom linnéen, j'ai prié M. Grenier de me donner quelques renseignements sur la plante de l'herbier normal de Fries. La plante d'Upsal a les styles velus, et cette espèce manquerait dans le Cher, et serait remplacée par une autre à styles glabres qui existe aussi en Prusse.

85. R. RUBIGINOSA. L., mant., 564 ; Murray, syst. veget (1774), p. 393. *R. rubiginosa.* Auct., *pr. part.*

Wirtgen, exs., n° 81 !

Arbrisseau élevé, touffu, rameux, chargé d'aiguillons nombreux, dilatés à la base, crochus ; pétioles pubescents, glanduleux, aiguillonnés en dessous ; 5-7 folioles *ovales arrondies, parsemées de poils en dessus, chargées en dessous de glandes fauves, odorantes,* nervure médiane, *velue,* doublement dentées à dents glanduleuses ; stipules étroites, glanduleuses en dessous, glabres en dessus, bordées de glandes, oreillettes aiguës, divergentes ; pédoncules solitaires ou en corymbe peu fourni, hispides, glanduleux, munis de bractées larges, acuminées, glabres en dessus, glanduleuses en dessous, bordées de glandes, et plus longues que les pédoncules ; tube du calice *ovoïde, hispide,* à glandes *caduques ou n'existant* à la fin qu'à la base du fruit ; sépales glanduleux, pinnatifides, à appendices étroits, bordés de glandes, réfléchis à l'anthèse, puis redressés, non persistants ; *styles velus*, fleurs roses, fruit arrondi, coriace, rouge-sanguin à la maturité. — Juillet. Haies, bois. — *Doubs*, Mont-Brégille ! Besançon ! — *Puy-de-Dôme*, haies de Fontanat, près Clermont ! — *Loiret*, Maison-Fort, en Sologne (Julien).

86. R. SEPTICOLA. Nob. ; *R. rubiginosa,* auct. *pro part.*

Wirtgen., exs., n° 80 ! Schultz, herb. norm., n° 45 !

Arbrisseau touffu, rameux, à aiguillons nombreux, robustes, dilatés à la base, crochus ; pétioles pubescents, glanduleux, aiguillonnés en dessous ; 5-7 folioles *ovales elliptiques ou presque arrondies,* la terminale arrondie ou rétrécie à la base, vertes et souvent rougeâtres, glabres ou parsemées en dessus de poils apprimés, *pubescentes en dessous, principalement sur les nervures*, et chargées de glandes fauves, odorantes, doublement dentées à dents ouvertes, glanduleuses; stipules étroites, glabres en dessus, *pubescentes*, glanduleuses en dessous, à oreillettes divergentes; pédoncules solitaires ou en corymbe peu fourni, hispides glanduleux, munis à leur base de bractées ovales, acuminées, glabres en dessus, *pubescentes et parsemées de petites glandes en dessous*, ciliées-glanduleuses aux bords, souvent foliacées, dépassant ou égalant les pédoncules; sépales trois glanduleux, les deux autres tomenteux aux bords, pinnatifides, à appendices bordés de glandes pédicellées, réfléchis à l'anthèse, puis redressés, mais non persistants sur le fruit, égalant ou dépassant la corolle; tube du calice *ovale globuleux*, *hispide glanduleux à la base*; *styles glabres*, disque conique; fleurs roses, petites; fruit arrondi, coriace, d'un rouge sanguin, hispide à la base.

Il diffère du *R. rubiginosa* par ses folioles pubescentes en dessous, principalement sur les nervures, ses stipules pubescentes et glanduleuses en dessous, ses bractées pubescentes et parsemées de petites glandes en dessous, le tube du calice ovale globuleux, hispide à la base seulement, ses styles glabres. Il diffère aussi du *R. permixta* dont il est très voisin par ses bractées pubescentes et parsemées de petites glandes en dessous, le tube du calice ovale et son fruit ovale, glabre, non arrondi. — Juillet. Haies, buissons. — *Doubs*, Besançon (Grenier, in litteris); — *Rhône*, Lyon à Dardilly (Boreau); — *Saône-et-Loire*, Broye, Autun (Carion); *Creuse*, Grand-Bourg (de Cessac); — *Cher*, c. c. Mehun, Berry, Bourges, Marmagne, etc.

87. R. ECHINOCARPA. Ripart!

Arbrisseau à aiguillons nombreux, inégaux, les plus petits droits, les autres recourbés au sommet, dilatés à la base; pétioles tomenteux, couverts *de glandes stipitées, brillantes*, aiguillonnés en dessous; 5-7 folioles, les latérales courtement pétiolées, la terminale arrondie à la base, *ovales*, *obtuses*, *glabres* ou légèrement pubescentes *et parsemées de glandes éparses en dessus;* pubescentes et *couvertes de glandes visqueuses*, *odorantes en dessous*, doublement dentées à dents glanduleuses; stipules lancéolées, glabres en dessus, glanduleuses en dessous, bordées de glandes, oreillettes *aiguës, dressées*; pédoncules solitaires ou en bouquet, hérissés de *soies glanduleuses et entremêlés d'aiguillons deux ou trois fois plus longs que les soies et non glandulifères*, munis à leur base de bractées ovales, cuspidées, glabres en dessus, chargées de glandes en dessous, à bords glanduleux; tube du calice..... ; sépales *velus et chargés* comme les pédoncules *de soies glanduleuses*, *entremêlés de petits aiguillons*, lancéolés, acuminés, pinnatifides, à appendices bordés de glandes, réfléchis à l'anthèse, puis redressés, connivents, mais non persistants à la maturité; styles *hérissés*, disque plane; fleurs...; fruit gros, ovale arrondi, *hérissé de soies en forme d'aiguillons allongés égalant environ le tiers du diamètre du fruit et non glandulifères au sommet.* — Haies. Vignes de Couët, commune de Mehun (Ripart).

88. R. UMBELLATA. Leers, fl. Herb. (1775), p. 117 et p. 286; Dc., fl. fr., 5, p. 532; Gmel., fl. Bad.-Als., 2, p. 425; Rau, enum. ros., p. 140, Tratt., monog. ros., 2, p. 55; Rchb., fl. excurs., n° 3990; Bor., fl. cent., éd. 2, v. 2, p. 181, éd. 3, n° 874; *R. sempervirens*. Roth, fl. Germ., 1, p. 218, et 2, p. 556, excl. syn.; *R. rubiginosa, umbellata*. Ser., in-Dc., prod., 2, p. 616.

Wirtgen, exs., n° 79!

Arbrisseau élevé, très rameux, à aiguillons robustes, dilatés, comprimés, crochus, souvent géminés, mêlés au sommet des tiges avec d'autres plus grêles, presque droits, ceux des vieilles tiges blanchâtres, ceux des rameaux d'une couleur fauve; pétioles velus, glanduleux, aiguillonnés en dessous; 3-5-7 folioles toutes pétiolées, la terminale arrondie à la base, *assez larges*, *ovales ou arrondies*, vertes, *glabres ou presque glabres* en dessus, pubescentes en dessous, et *couvertes de glandes pellucides*, *odorantes*, doublement dentées à dents glanduleuses; stipules aiguës, obliques au sommet, *glabres*, parsemées de glandes éparses en dessous et bordées de glandes rougeâtres; pédoncules 4-6-10, les latéraux souvent en cime trifide, à pédicelles et ramifications *hérissés d'aiguillons fins en forme de soies*, les pédoncules latéraux munis à leur base de deux bractées opposées, glabres, bordées de glandes rougeâtres, dépassant ou égalant les pédoncules, les pédoncules intérieurs sont dépourvus de bractées; tube du calice *ovoïde, glabre ou hispide à la base;* sépales lancéolés, chargés de glandes rougeâtres, pinnatifides, à appendices dentés, glanduleux, plus longs que la corolle, réfléchis à l'anthèse, puis redressés et caducs avant la maturité; styles courts, *velus*; fleurs d'un *rose vif*; fruit *ovoïde, à la fin arrondi*, glabre et noirâtre.

Il diffère du *R. rubiginosa* par ses folioles pubescentes en dessous et ses glandes pellucides, ses stipules glabres, parsemées de glandes éparses en dessous, ses pédoncules en corymbe plus nombreux, les latéraux souvent en cime trifide, son fruit plus gros, ovoïde. Il diffère du *R. sepincola* par ses folioles plus larges, ovales ou arrondies, le tube du calice ovoïde, glabre ou hispide à la base, ses styles velus et son fruit ovoïde. — *Côte-d'Or*, Meursault (Ozanon); — *Rhône*, Lyon (Boreau); — *Saône-et-Loire*, Châlons-sur-Saône (Ozanon); — *Puy-de-Dôme*, Clermont! Orcines! — *Cher*, Lazenay, près Bourges,

Fontiley, Berry, Mehun, Allouis, Marmagne; — *Loiret*, Orléans (Jullien); — *Maine et Loire*, Champigny-le-Sec (Boreau).

89. R. COMOSA. Ripart, in Schultz, archiv. de la fl. de Fr. et d'All., p. 254.

F. Schultz, herb. norm., n° 46!

Arbrisseau élevé, rameux, à aiguillons nombreux, robustes, crochus, mêlés au sommet des tiges avec d'autres plus grêles, presque droits, ceux des vieilles tiges blanchâtres, ceux des rameaux d'une couleur fauve; pétioles pubescents, glanduleux, aiguillonnés en dessous; 5-7 folioles toutes pétioles, la terminale arrondie à la base, *ovales ou arrondies*, glabres ou parsemées en dessus de poils apprimés, *couvertes en dessous de glandes fauves, odorantes*, *velues sur les nervures*, surtout la médiane, rudes au toucher, doublement dentées à dents ouvertes, glanduleuses; stipules étroites, celles de la base glanduleuses en dessous, glabres en dessus, celles du sommet glabres, toutes bordées de glandes, oreillettes aiguës, divergentes; pédoncules solitaires ou en corymbe, *hérissés d'aiguillons fins en forme de soies, terminés par une glande*, munis à leur base de petites bractées ovales, acuminées, *glabres*, bordées de glandes pédicellées, plus courtes que les pédoncules ou les dépassant quelquefois; tube du calice *glabre, ovale*, hispide; sépales glanduleux, pinnatifides, à appendices lancéolés, bordés de glandes pédicellées, réfléchis à l'anthèse, puis redressés, dépassant ou égalant les pétales, *styles hérissés*; fleurs petites, roses; fruit *gros*, *ovoïde*, *rouge-orangé*, *couronné par les sépales persistants*, *à base un peu charnue.*

Il diffère du *R. rubiginosa* par ses pédoncules hérissés d'aiguillons fins en forme de soies, terminés par une glande, ses bractées glabres, le tube du calice ovale, ses styles hérissés, son fruit gros, ovoïde, couronné par les sépales persistants. Il diffère du *R. umbellata* par ses folioles velues sur les nervures, surtout la médiane, le tube du calice ovale, ses sépales persistants sur le fruit, son fruit gros, ovoïde, rouge-orangé. — Juin, juillet. Haies. — *Vosges*, forêt de Rambervillers! — *Rhône*, Lyon (Garnier), Lyon à Villeurbanne (Boreau); — *Cher*, Bourges, Villeneuve-Jardin, Brécy (Ripart), Allouis, Mehun, La Servanterie, Roulon, commune de Berry. — *Loiret*, Orléans, bois de l'île et Maison-Fort, en Sologne (Jullien).

90. R. NEMOROSA. Libert, in Lejeune, fl. de Spa, 2, p. 311; Bor., fl. cent., éd. 2, n° 686, éd. 3, n° 872; *R. Libertiana*. Tratt., monog. ros., 2, p. 80; *R. rubiginosa nemoralis*. Sering., in Dc., prod., 2, p. 616.

Arbrisseau d'un mètre de haut, touffu, très rameux, à aiguillons du vieux bois nombreux, robustes, crochus, *rameaux florifères presque inermes;* pétioles pubescents, glanduleux, aiguillonnés en dessous; 5 rar. 7 folioles pétiolées, la terminale rétrécie à la base, *petites*, d'un vert pâle, *elliptiques aiguës*, quelques-unes arrondies au sommet, glabres ou parsemées de quelques poils apprimés en dessus, *pubescentes* et glanduleuses en dessous, doublement dentées à dents glanduleuses; stipules très étroites, glabres en dessus, glanduleuses en dessous, à oreillettes divergentes; pédoncules ord. solitaires, glanduleux hispides, munis à leur base de *deux petites bractées ovales, glabres*, bordées de glandes et plus courtes que les pédoncules; tube du calice *ovoïde oblong*, glanduleux, sépales glanduleux, peu découpés, à appendices filiformes, dépassant presque la corolle, réfléchis à l'anthèse, non persistants; *styles glabres ou à peu près*; fleurs petites, d'un rose clair; fruit rouge, *ovoïde*, *arrondi à la base*, *atténué au sommet*.

Il diffère du *R. rubiginosa* par ses rameaux florifères presque inermes, ses folioles petites, elliptiques aiguës, pubescentes et glanduleuses en dessous, ses bractées petites, ovales, glabres, plus courtes que les pédoncules, le tube du calice ovoïde oblong, ses styles glabres, son fruit ovoïde, arrondi à la base, atténué au sommet. Il diffère aussi du *R. septicola* par son port beaucoup moins élevé, ses folioles plus petites, ses bractées glabres, le tube du calice ovoïde oblong, son fruit ovoïde, arrondi à la base, atténué au sommet. — Juin. Lieux pierreux, coteaux calcaires. R. — *Saône-et Loire*, Autun (Carion); — *Cher*, R. R. coteaux de Fontiley, commune de Berry, Mehun; — *Sarthe*, Saint-Pavin-des-Champs (Boreau); — *Maine et Loire*, Chenehutte (Boreau).

91. R. MICRANTHA. Smith, Engl. bot. tab. 2490 (non Dc.); Tratt., monog. ros., 2, p. 75; Rchb., fl. excurs., 2, p. 617, n° 3983; Bor., fl. cent., éd. 3, n° 876.

Petit arbrisseau bas, touffu, à rameaux brunâtres, aiguillons comprimés, courbés; pétioles pubescents, glanduleux, munis de rares petits aiguillons sétacés; 5 folioles toutes pétiolées, la terminale aiguë à la base, *très petites, ovales, glabres en dessus, pubescentes en dessous et chargées de glandes fauves, odorantes*, doublement dentées à dents glanduleuses, stipules courtes, glabres en dessus, glanduleuses en dessous, à oreillettes peu divergentes, bordées de glandes, pédoncules courts, hispides, cachés par de larges bractées bordées de glandes; tube du calice *petit ovoïde, hispide*; sépales glanduleux, *courts, peu découpés*, à appendices linéaires bordés de glandes, dépassant la corolle, réfléchis, puis couronnant le fruit avant la maturité, non persistants; *styles glabres;* fleurs *très petites, roses*; fruit *petit ovoïde arrondi, hispide.*

Il diffère du *R. rubiginosa* par son port beaucoup moins élevé, ses folioles très petites, ovales, glabres en dessus, pubescentes et glanduleuses en dessous, le tube du calice petit ovoïde, ses sépales peu découpés, dépassant la corolle, ses styles glabres, ses fleurs très petites, son fruit petit ovoïde arrondi, hispide. Il diffère du *R. nemorosa* par ses folioles ovales, glabres en dessus, le tube du calice petit ovoïde, son fruit ovoïde arrondi, hispide. — Juin, juillet. Lieux secs et pierreux. R. R. — *Aude*, Montagne-Noire, Le Mas-Cabardès (Ozanon); — *Rhône*, Lyon à Iseron (Boreau); — *Cher*, Brécy! Trouy, Chapelle-Saint-Ursin (Ripart).

92. R. ROTUNDIFOLIA. Rau, enum. ros., p. 136, sub *rubiginosa*, var. *rotundifolia*; Tratt., monog. ros., 2, p. 73; Rchb., fl. excurs., 2, p. 617, n° 3981; Mutel, fl. fr., 1, p. 349; Bor., fl. cent., éd. 3, n° 877. *R. rubiginosa rotundifolia*. Ser., in Dc., prod., 2, p. 616.

Petit arbrisseau peu rameux, à aiguillons inégaux, *grêles*, *longs*, *subulés*, *presque droits*, ceux des rameaux géminés; pétioles pubescents, glanduleux, aiguillonnés en dessous; 5-7 folioles courtement pétiolées, la terminale longuement pétiolée, arrondie à la base, *très petites, arrondies*, parsemées de poils apprimés en dessus, *pubescentes en dessous et couvertes de glandes fauves*, *résineuses*, doublement dentées à dents glanduleuses; stipules étroites, glanduleuses en dessous, glabres en dessus, oreillettes courtes, divergentes; pédoncules courts, solitaires, hispides-glanduleux, munis d'une bractée ovale acuminée, glabre en dessus, parsemée de glandes en dessous, bordée de glandes pédicellées, plus longue que le pédoncule; tube du calice *petit*, *glabre*, *subglobuleux;* sépales glanduleux, pinnatifides, plus longs que la corolle, appendiculés, à appendices bordés de glandes; styles velus; fleurs *très petites*, *d'un rose foncé;* fruit *globuleux*.

Il diffère du *R. rubiginosa* par ses aiguillons grêles, longs, presque droits, ses folioles très petites, arrondies, le tube du calice petit, glabre, subglobuleux, ses fleurs très petites, d'un rose foncé, son fruit globuleux. Il diffère aussi du *R. micrantha* par la forme de ses aiguillons, ses folioles arrondies, le tube du calice subglobuleux, glabre, ses styles velus, son fruit globuleux. — Juin, juillet. Lieux pierreux. R. R. — *Loiret*, Orléans (Jullien); — *Loir-et-Cher*, parc de Beaumont, commune de Cour-Cheverny (Franchet).

93. R. FŒTIDA. Bast., sup. fl. de Maine et Loire (1812), p. 29; Dc., fl. fr., 5, p. 534, excl. syn. Jacq.; Rchb., fl. excurs., 2, p. 624, n° 4019; Bor., bull. Soc. ind. d'Angers (1844). extr., p. 12, et fl. cent., éd. 2, n° 688, éd. 3, n° 878, et Cat. Maine et Loire, p. 80; Guépin, sup. fl. de Maine et Loire (1842), p. 42; Gr. et Godr., fl. de Fr., 1, p. 559? *R. tomentosa*, var. *fœtida*. Ser., in Dc., prod., 2, p. 618.

Arbrisseau élevé, à longs rameaux sarmenteux, *exhalant par le froissement une légère odeur de térébenthine*, aiguillons *presque droits ou inclinés*; pétioles pubescents, glanduleux, aiguillonnés en dessous; 5-7 folioles toutes pétiolées, la terminale arrondie à la base et quelquefois un peu en cœur, *ovales aiguës*, presque glabres en dessus, *pubescentes, grisâtres* en dessous et *parsemées de glandes éparses*, nerveuses, doublement dentées à dents ouvertes, glanduleuses; stipules glabres en dessus, pubescentes, glanduleuses en dessous; oreillettes aiguës, divergentes; pédoncules solitaires ou groupés par 2 à 4, hispides, glanduleux, munis à leur base de bractées ovales, acuminées, glabres en dessus, pubescentes, glanduleuses en dessous, égalant presque les pédoncules ou plus courtes; tube du calice *ovoïde oblong, hispide*: sépales couverts de glandes, pinnatifides, appendiculés, égalant presque la corolle, étalés à l'anthèse, puis réfléchis, non persistants; *styles glabres*, disque saillant; fleurs d'un rose clair; fruit *ovoïde d'un rouge sale*.

Il diffère du *R. rubiginosa* par l'odeur de térébenthine

qu'il exhale, par ses aiguillons presque droits, ses folioles ovales aiguës, pubescentes grisâtres en dessous et parsemées de glandes éparses, le tube du calice ovoïde oblong, hispide, ses fleurs plus grandes, d'un rose clair, son fruit ovoïde d'un rouge sale. — Mai, juin. Haies. R. R. — *Mayenne,* haies de Grenhart, près de Mayenne (Boreau); — *Maine et Loire,* environs d'Angers! La Haie-Longue, Chalonnes.

Obs. M. Grenier, fl. de Fr., attribue à notre plante des styles *laineux.* Dans les échantillons que j'ai reçus de M. Boreau et dans la plante que j'ai récoltée en 1853 à Angers, les styles sont glabres! M. Grenier dit : les feuilles *mollement pubescentes en dessous*, et ne fait aucune mention des glandes éparses qui s'y trouvent et qui rendent les feuilles un peu rudes au toucher.

94. R. SPINULIFOLIA. Dematra, ess., p. 8; Tratt., monog., 2, p. 108; Koch, syn., 250; Godet, fl. Jura, p. 209; *R. rubiginosa,* var. *spinulifolia.* Ser., in Dc., prod., 2, p. 616; *R. montana.* Dc., fl. fr., 5, p. 532, *ex part.*

Arbrisseau rameux, à rameaux d'un glauque violacé, aiguillons *droits, subulés,* brusquement élargis à la base, *plus grêles et presque nuls* sur les rameaux florifères; pétioles tomenteux, glanduleux, à glandes stipitées, faiblement aiguillonnés en dessous; 5-7 folioles courtement pétiolées, la terminale arrondie à la base, *ovales elliptiques*, vertes, glabres en dessus, pâles en dessous, à nervures velues (principalement dans les jeunes feuilles), *plus ou moins couvertes de glandes pédicellées*, *la nervure médiane surtout,* ce qui rend les folioles plus ou moins rudes au toucher, doublement dentées à dents aiguës, terminées par *des glandes rougeâtres;* stipules glabres en dessus, pubescentes en dessous et parsemées de glandes, à bords glanduleux, oreillettes divergentes, pédoncules hérissés *de soies en forme d'aiguillons fins et terminées par une glande rougeâtre*, tube du calice couvert *de soies* comme celles des pédoncules, ovale; sépales pinnatifides, appendiculés, hispides et chargés de glandes pédicellées rougeâtres, égalant presque la corolle, à appendices linéaires; styles *courts, velus*, fleurs d'un beau rose; fruit elliptique globuleux, *hispide*, *couronné par les sépales persistants*. — Alpes de la Savoie, Mont-Salève! Jura à la Touche et au-dessus de Gex, département de l'Ain (herbier Boreau).

95. R. TEREBENTHINACEA. Besser, enum., Pod. et Volh., p. 21 et p. 66; Tratt., monog. ros., 2, præf., p. XIV; Bor., fl. cent., éd. 2, n° 689, éd. 3, n° 879.

Arbrisseau à rameaux glauques, aiguillons robustes, très dilatés, presque droits; pétioles pubescents et parsemés de glandes fines, aiguillonnés en dessous; 5-7 folioles *assez larges*, toutes pétiolées, la terminale aiguë aux deux extrémités ou arrondie à la base et un peu cuspidée au sommet, *ovales elliptiques*, *obtuses ou aiguës*, vertes, les jeunes pousses quelquefois rougeâtres, *parsemées en dessus de poils apprimés*, *pubescentes grisâtres en dessous*, nerveuses, à *nervures blanchâtres, plus ou moins chargées de glandes visqueuses, odorantes, à odeur de térébenthine*, doublement dentées à dents étalées, glanduleuses; stipules lancéolées, glabres en dessus, pubescentes, glanduleuses en dessous, à oreillettes aiguës, divergentes; pédoncules en corymbe, glanduleux, munis à leur base de bractées larges, ovales, acuminées, glabres en dessus, parsemées de quelques glandes en dessous, plus longues que les pédoncules; tube du calice *ovoïde, contracté au sommet, glabre;* sépales glanduleux, pinnatifides, à appendices lancéolés, bordés de glandes stipitées, étalés à l'anthèse, puis réfléchis et caducs; *styles velus;* fleurs grandes, d'un *beau rose foncé*, *très suaves*.

Il diffère du *R. fœtida* par ses folioles plus grandes, ovales elliptiques, à dents plus aiguës, étalées, le tube du calice ovoïde, contracté au sommet, glabre, ses styles velus, ses fleurs d'un rose foncé. — Juin. R. R. Bois. — *Saône-et-Loire,* bois de Givry (Ozanon). M. Boreau indique aussi cette espèce dans l'*Yonne,* bois du Bouchard, près Irancy.

Sect. IX. VILLOSÆ.

Feuilles ovales ou oblongues lancéolées, grisâtres, pubescentes ou mollement velues sur les deux faces ; sépales pinnatifides ou entiers, caducs ou persistants, styles hérissés ou velus.

96. R. cuspidata. M. B., fl. Taur.-Cauc., 1, p. 396, et 3, p. 339 ; Tratt., monog. ros., 1, p. 121 ; Rchb., fl. excurs., 2, p. 616, n° 3978 ; Mutel, fl. fr., 1, p. 348 ; Bor., fl. cent., éd. 3, n° 889.

Wirtgen, exs., n° 344 !

Arbrisseau peu élevé, rameux, à aiguillons assez forts, blanchâtres, épars, courbés, sur les jeunes rameaux droits ; pétioles *velus glanduleux*, aiguillonnés ; 5-7 folioles pétiolées, la terminale plus ou moins arrondie à la base, assez larges, *ovales lancéolées*, plus ou moins pubescentes en dessus, *blanchâtres, mollement velues et parsemées de petites glandes en dessous,* doublement dentées à dents glanduleuses ; stipules pubescentes en dessus, pubescentes et glanduleuses en dessous, les supérieures dilatées, oreillettes aiguës, divergentes ; pédoncules hispides, solitaires ou en corymbe, plus ou moins nombreux 5-10, munis à leur base de bractées ovales acuminées, pubescentes et portant en outre à la face inférieure des glandes éparses, atteignant ou dépassant les pédoncules ; tube du calice *ovoïde, hispide*; sépales tomenteux, glanduleux, pinnatifides, à appendices linéaires-lancéolés, bordés de glandes pédicellées, brillantes, égalant la corolle, réfléchis, puis redressés, caducs; styles hérissés; fleurs *roses devenant ensuite blanches*; fruit *arrondi*, rouge. — Juin, juillet. Haies. R. — *Cher*, bois des Granges, commune de Marmagne; pacage de Bouy, commune de Berry; forêt du Rhin-du-Bois; — *Calvados*, Lizieux (Boreau).

97. R. DIMORPHA. Besser, enum., Pod. et Volh., p. 19; Tratt., monog. ros., 1, p. 122; Rchb., fl. excurs., 2, p. 617, n° 3979; Bor., fl. cent., éd. 3, v. 2, p. 232., obs.

Billot, exs., n° 1481 !

Arbrisseau à aiguillons allongés, comprimés à la base, presque droits; pétioles tomenteux et portant en dessous de petits aiguillons fins; 5-7 folioles courtement pétiolées, presque sessiles, la terminale longuement pétiolée, arrondie à la base, *ovales elliptiques, aiguës ou obtuses*, plus ou moins pubescentes en dessus, *blanchâtres, velues en dessous et dépourvues de glandes*, doublement dentées à dents ciliées, les accessoires glanduleuses; stipules glabres en dessus, pubescentes en dessous, à bords ciliés-glanduleux, oreillettes aiguës, divergentes, pédoncules en corymbe, hispides, glanduleux, munis de bractées ovales, acuminées, glabres en dessus, *tomenteuses en dessous*, à bords ciliés-glanduleux, égalant ou dépassant les pédoncules, tube du calice *ovoïde*, *contracté au sommet*, hispide; sépales glanduleux, pinnatifides, spathulés au sommet, à appendices courts, *ciliés aux bords*, *et presque dépourvus de glandes*, réfléchis à l'anthèse, puis redressés sur le fruit, non persistants; styles hérissés; fleurs *médiocres, blanchâtres;* fruit rouge, *globuleux*, hispide.

Il diffère du *R. cuspidata* par ses pétioles dépourvus de glandes, ses folioles non parsemées de petites glandes en dessous; le tube du calice ovoïde, contracté au sommet, ses bractées tomenteuses en dessous, dépourvues de glandes, ses fleurs blanchâtres, son fruit globuleux. Il diffère du *R. tomentosa* par le tube du calice ovoïde, contracté au sommet, son fruit globuleux, rouge, non *ovale-oblong*. — Juin, juillet. R. — Région des montagnes. — *Doubs*, Pontarlier (Grenier), Mont-d'Or! *Saône-et-Loire*, Mâcon (Fontaines).

98. R. TOMENTOSA. Smith, fl. Brit., 2, p. 539; Dc., fl. fr., 4, p. 440; Gmel., fl. Bad.-Als., 4, p. 369; Pers., syn., 2, p. 50; Mérat, fl. Par. (1812), p. 190; Tratt.. monog. ros., 1, p. 117; Balb. fl. Lyonn., 1, p. 262; Bor., fl. cent., éd. 1, n° 403 (excl. var. b.), éd. 2, n° 690, éd. 3, n° 881, et Cat. de Maine et Loire, p. 89; Godet, fl. Jura, p. 212; *R. tomentosa* a *Smithiana*. Ser., in Dc., prod., 2, p. 618. Billot, exs., n° 1662! Wirtgen, exs., n°s 78! 232! 271!

Arbrisseau touffu, à rameaux droits, flexueux, aiguillons comprimés à la base, droits, horizontaux; pétioles tomenteux, *parsemés en dessus de quelques petites glandes stipitées*, aiguillonnés en dessous; 5-7 folioles pétiolées, la terminale plus ou moins arrondie à la base; *ovales elliptiques, grisâtres, pubescentes ou tomenteuses sur les deux faces, mais depourvues de glandes en dessous*, doublement dentées à dents glanduleuses, ciliées; stipules glabres en dessus, pubescentes en dessous, bordées de glandes, oreillettes divergentes; pédoncules terminaux, solitaires ou réunis 2-4, hispides, glanduleux, munis à leur base de bractées ovales, acuminées, glabres en dessus, *tomenteuses en dessous*, égalant les pédoncules; tube du calice *ovale*, hispide; sépales glanduleux, spathulés au sommet, pinnatifides, à appendices bordés de glandes pédicellées, égalant ou dépassant un peu la corolle, réfléchis à la fleuraison, non persistants; styles courts, hérissés; fleurs d'un *rose clair*; fruit *ovoïde oblong*, d'un *rouge orangé* à la maturité. — Juin, juillet. Haies, bois. — *Vosges*, forêt de

Rambervillers ! — *Doubs,* Saint-Ferjeux, près Besançon (Grenier); — *Saône-et-Loire,* Le Chicolle (Carion), La Chapelle-sous-Brancion (Fontaines); — *Cher,* R. R. Soye (Tourangin), Turly ! Brécy ! — *Loiret,* bois de l'Isle à Orléans ! — *Maine et Loire,* Brissarthe (Boreau).

99. R. SUBGLOBOSA. Smith; Bor., fl. cent., éd. 2, nº 691, éd. 3, nº 882; *R. tomentosa,* plur. auct. Gal. et Germ; *R. villosa sylvestris.* Desv. journ. bot. (1813), 2, p. 117.

Billot, exs., nº 1481 *bis!* Wirtgen, exs., nº 233 !

Arbrisseau assez élevé, touffu, rameux, à rameaux lâches, épineux, aiguillons grêles, comprimés, droits ou un peu arqués; pétioles tomenteux, portant quelques glandes fines, aiguillonnés; 5-7 folioles toutes pétiolées, la terminale arrondie à la base, *ovales aiguës, ou arrondies, pubescentes en dessus, grisâtres, tomenteuses en dessous,* doublement dentées à dents glanduleuses; stipules étroites, pubescentes, à bords ciliés glanduleux, oreillettes divergentes; pédoncules solitaires ou réunis en corymbe, hispides, glanduleux, munis de bractées glabres en dessus, *pubescentes en dessous à bords ciliés,* ord. plus courtes que les pédoncules; tube du calice *presque globuleux, contracté au sommet,* hispide; sépales glanduleux, spathulés au sommet, pinnatifides, à appendices courts, ciliés ou bordés de glandes pédicellées, plus courts que la corolle, un peu dressés sur le fruit, puis renversés et caducs; styles hérissés, disque presque plane; fleurs *roses pâlissant ensuite;* fruit *subglobuleux,* hispide, d'un rouge orangé.

Il diffère du *R. tomentosa* par ses folioles ovales aiguës ou arrondies, le tube du calice presque globuleux, contracté au sommet et son fruit subglobuleux *non ovoïde oblong.* Il diffère du *R. dimorpha* par ses folioles ovales aiguës ou arrondies, pubescentes en dessus, le tube du calice presque globuleux, ses fleurs plus grandes et son fruit subglobuleux, rouge-orangé. Il diffère aussi du *R. cuspidata* par ses bractées et ses folioles dépourvues de glandes en dessous, le tube du calice contracté au sommet et son fruit subglobuleux. — Juin, juillet. Haies, bois. — *Saône-et-Loire*, Montmin, Saint-Forgeat, Autun (Carion); — *Cher*, C. Bourges, Contremoret, Berry, Marmagne, Mehun, Allouis, Allogny, Saint-Florent, etc.; — *Loiret*, R. bois de l'Isle, près d'Orléans (Jullien); — *Sarthe*, Le Mans (Boreau); — *Vendée*, forêt de Mervent, près de Fontenay-le-Comte (Letourneux).

Obs. M. Boreau, fl. du Centre, indique à la presqu'île de la Manche le *R farinosa* Rau, qui se reconnaît à ses fleurs roses pâles, dépassant à peine le calice, à ses pédoncules glabres ou pubescents, mais non glanduleux, à son fruit gros, oviforme, d'un rouge obscur, à la fin noirâtre.

100. R. ANDRZEIOUSKII. Steven in Besser enum. Pod. et Volh., p. 19 et p. 66; Tratt., monog. ros. 1, p. 120; Bor., fl. cent., éd. 3, n° 883.

Wirtgen, exs., n° 179!

Arbrisseau touffu, rameux, à aiguillons *robustes*, comprimés, à base elargie, presque droits; pétioles tomenteux munis de petites glandes fines et à petits aiguillons sétacés; 5-7 folioles *elliptiques subarrondies ou ovales, pubescentes* sur les deux faces, à *villosité courte luisante*, doublement dentées à dents glanduleuses, toutes pétiolées, la terminale arrondie ou un peu en cœur à la base; stipules glabres en dessus, pubescentes et *parsemées de glandes fines éparses* en dessous, à bords glanduleux, oreillettes divergentes; pédoncules ordinairement en corymbe 3-9, courts, hispides glanduleux, munis à leur base de bractées *ovales lancéolées*, pubescentes en dessus, tomenteuses et *parsemées de glandes fines* en dessous, bordées de glandes, plus courtes que les pédoncules; tube du calice *ovoïde*, hispide glanduleux ; sépales pinnatifides spathulés au sommet, glanduleux, à appendices bordés de glandes, étalés à la fleuraison, puis redressés, persistants ; styles hérissés ; fleurs d'un rose pâle ; fruit moyen *globuleux*, hérissé, rouge et *couronné* par les sépales persistants, dressés connivents.

Il diffère du *R. subglobosa* par ses aiguillons robustes, ses folioles elliptiques subarrondies, ses stipules parsemées en dessous de glandes fines éparses, ses bractées ovales lancéolées à face inférieure parsemée de glandes fines, le tube du calice ovoïde, son fruit globuleux couronné par les sépales. — Juin. Haies, Bois. R. R. — *Saône-et-Loire*, Châlons-sur-Saône (Ozanon); — *Cher*, Contremoret, près Bourges, Saint-Florent, forêts du Rhin-du-Bois et de Vierzon à l'Alouette.

101. R. MOLLISSIMA. Fries, nov. éd. 2, p. 151 (non Wild. nec Gmel.); Godet, fl. du Jura. p. 212 ; Bor., fl. cent., éd. 3, n° 884 ; Carion, Cat. Saône-et-Loire, p. 43 ; *R. ciliato-petala*. Koch, syn. 253 (non Besser) ; *R. Villosa*. Bor., l. c., éd. 1, n° 402, excl. syn. ; *R. Andrzeiouskii*. Bor., l. c., éd. 2, n° 692 (non Besser).

Arbrisseau à aiguillons dilatés à la base, presque droits, géminés sur les rameaux ; pétioles *tomenteux glanduleux*, aiguillonnés en dessous ; 5-7 folioles pétiolées, la terminale un peu arrondie à la base, *ovales elliptiques, mollement pubescentes* sur les deux faces, doublement dentées à dents ouvertes glanduleuses ; stipules étroites, glabres en dessus, pubescentes en dessous, à bords glanduleux, oreillettes courtes, divergentes ; pédoncules hispides, courts, munis de bractées ovales acuminées, glabres en dessus, pubescentes en dessous, bordées de glandes, égalant ou dépassant les pédoncules ; tube du calice *ovoïde arrondi*, hispide ; sépales *brièvement* pinnatifides, hispides glanduleux, égalant presque la corolle ; styles hérissés; fleurs *roses, pétales ciliés;* fruit *gros globuleux*, hérissé, *rouge brun, couronné* par les sépales persistants.

Il diffère du *R. cuspidata* par ses folioles dépourvues de glandes en dessous, son fruit globuleux couronné par les sépales. Il diffère du *R. tomentosa* par ses folioles mollement pubescentes sur les deux faces, le tube du calice ovoïde arrondi, ses fleurs, son fruit globuleux. Il diffère du *R. subglobosa* par ses feuilles ovales elliptiques, le tube du calice ovoïde arrondi, non presque globuleux contracté au sommet, son fruit plus gros, globuleux, couronné par les sépales. Il diffère du *R. Andrzeiouskii* par ses folioles ovales elliptiques, ses pétales ciliés, son fruit plus gros d'un rouge brun. — Juin. R. R. — *Saône-et-Loire*, Parepas à Autun (Carion).

102. R. RESINOSA. Sternb.; Rchb., fl. excurs. 2, p. 616, n° 3977; Bor., fl. cent., éd. 3, n° 885, *R. cretica*. Tratt., monog. ros. 2, p. 83; *R. pomifera*. Lec. et Lam., Cat. fl. cent., p. 150 (non Herm.); Gr. et Godr., fl. de F. 1, p. 650 pro part.; *R. coronata*. Crépin in Wirtgen, exs., n° 270!

Arbrisseau touffu à écorce rougeâtre, aiguillons inégaux, grêles, droits ou peu arqués; pétioles velus glanduleux, à aiguillons très petits; 5-7 folioles toutes pétiolées, la terminale arrondie à la base, *médiocres, ovales elliptiques obtuses, verdâtres et finement velues* à villosité brillante en dessus, *velues grisâtres* en dessous à *nervures saillantes et chargées de petites glandes fines résineuses*, doublement dentées à dents surchargées de glandes; stipules glabres en dessus, couvertes de glandes en dessous, oreillettes un peu obtuses au sommet, les supérieures dilatées, pédoncules courts, solitaires ou réunis 2-4, hérissés glanduleux munis à leur base de bractées acuminées, glabres en dessus, glanduleuses en dessous, égalant ou dépassant les pédoncules; tube du calice *ovoïde hispide;* sépales très glanduleux, tomenteux aux bords et en dedans, lancéolés longuement acuminés, 3 entiers, 2 lobés; styles courts velus; fleurs petites d'un *beau rose, jaunâtres au centre;* fruit *arrondi, rouge*, hérissé, *couronné* par les sépales dressés, connivents, persistants.

Il diffère du *R. pomifera* par ses folioles chargées en dessous de glandes résineuses, le tube du calice ovoïde hispide, mais non hérissé de pointes sétacées robustes, son fruit plus petit, rouge et non *violacé rougeâtre.* — Juin, juillet. Broussailles des montagnes. — *Puy-de-Dôme*, C. aux monts Dômes, Puy-de-Dôme, Puy-de-Parion, Puy-de-Côme, etc.

103. R. MINUTA. Boreau (in litteris)! *R. Villosa* var. *minuta*. Rau, enum. ros., p. 156.

Arbrisseau à rameaux touffus, courts, grisâtres, ou d'un glauque violacé surtout sur les jeunes, aiguillons nombreux, comprimés à la base, grêles, longs, droits, inégaux, blanchâtres; pétioles *tomenteux chargés de glandes* aiguillonnés en dessous; 5-7 folioles *très petites ovales oblongues, aiguës ou obtuses, grisâtres*, pubescentes en dessus, tomenteuses en dessous, nerveuses, doublement dentées à dents glanduleuses; stipules glabres en dessus, pubescentes glanduleuses en dessous, bordées de glandes, oreillettes aiguës peu divergentes; pédoncules solitaires, courts, hispides, entièrement cachés par une *large bractée ovale* acuminée, glabre en dessus, tomenteuse glanduleuse en dessous; tube du calice *très petit, sphérique, plus ou moins chargé de petites pointes sétacées fines;* sépales entiers ou deux à 1 ou 2 lobes courts, très glanduleux, plus longs que la corolle; styles velus; corolle *très petite d'un rouge foncé;* fruit *sphérique*, hispide, *très petit de la grosseur d'un pois*, couronné par les sépales persistants.

Il diffère du *R. pomifera* par ses proportions moindres; le tube du calice sphérique hérissé de soies fines du double plus petites que celles du *R. pomifera*, son fruit du double plus petit, sphérique, de la grosseur d'un pois. Il diffère du *R. resinosa* par ses proportions moindres, ses folioles dépourvues de glandes en dessous, le tube du calice et le fruit sphérique. — Juillet et août. R. R. Région des montagnes. — *Hautes-Alpes*, La Grave (Ozanon)!

104. R. Grenierii. Nob.; *R. pomifera*. Grenier! in herb. Ozanon (non Herm.).

Arbrisseau à aiguillons grêles, comprimés à la base, longs, droits; pétioles tomenteux glanduleux aiguillonnés en dessous, 5-7 folioles *ovales elliptiques obtuses ou aiguës, fermes, verdâtres,* mollement velues en dessus, *grisâtres* tomenteuses en dessous à *villosité brillante,* nerveuses, doublement dentées à dents ciliées glanduleuses, les latérales pétiolées, la terminale arrondie à la base; stipules glabres en dessus, tomenteuses glanduleuses en dessous, oreillettes aiguës divergentes; pédoncules courts solitaires ou en corymbe peu fourni, hispides, munis à leur base de bractées pubescentes en dessus, tomenteuses et parsemées de glandes en dessous, plus longues que les pédoncules; tube du calice *subglobuleux hérissé de petites pointes sétacées terminées par une glande;* sépales glanduleux tomenteux aux bords, lancéolés, spathulés au sommet, entiers ou 2 offrant 1 ou 2 lobes courts, réfléchis à l'anthèse puis redressés, persistants; styles courts, velus; *fleurs petites, roses, jaunâtres au centre* (Je n'ai pas vu sur mes échantillons en fleurs les pétales ciliés et glanduleux); fruit *ovoïde globuleux rouge, un peu atténué à la base*, hérissé, couronné par les sépales connivents persistants.

Il diffère du *R. pomifera* par ses feuilles moins grandes ovales elliptiques non *oblongues lancéolées,* à villosité plus forte et brillante, le tube du calice hérissé de soies fines moins nombreuses et moitié plus petites, son fruit moins gros rouge, non *violacé rougeâtre*. Il diffère du *R. resinosa* par ses folioles dépourvues de glandes en dessous, le tube du calice subglobuleux hérissé de petites pointes sétacées, son fruit ovoïde globuleux un peu atténué à la base. Ses plus grandes proportions le font facilement distinguer du *R. minuta*. — Région des montagnes. — *Hautes-Alpes*, La Grave aux Lauzières (Ozanon), La Grave (Franchet).

105. R. POMIFERA. Hermann, diss., p. 17; Gmel., fl. Bad.-Ald. 2, p. 410; Bor., fl. cent., éd. 2, n° 693, éd. 3, n° 886; Koch, syn. 253; Gr. et Godr., fl. de Fr. 1, p. 560 (pro part.); Godet, fl. Jura, p. 210; *R. villosa* L., sp., 704 (pro part.); Vill., fl. Dauph. 3, 551; Krocker, fl. Siles. 2, p. 144; Smith., fl. Brit. 2, p. 538; Dc., fl. fr. 4, p. 440, excl. var. b.; Gilib., fl. d'Europ. 1, p. 583; Rchb., fl. excurs. 2, p. 615, n° 3974; *R. villosa* a. *pomifera* Desv., journ. bot. (1813) 2, p. 117; Seringe, in Dc., prod. 2, p. 618.

Billot, exs., n° 1482! Wirtgen, exs., n° 24!

Arbrisseau élevé à rameaux droits, aiguillons épars, peu comprimés, grêles, droits; pétioles tomenteux glanduleux, munis en dessous de rares petits aiguillons sétacés; 5-7 folioles, les latérales pétiolées quelques-unes sessiles, la terminale à base arrondie ou un peu cordiforme, *elliptiques-oblongues lancéolées* (longues de 4 à 6 c.), *grisâtres pubescentes* en dessus, *mollement* velues en dessous, doublement dentées à *dents larges ouvertes*, les secondaires *terminées par une glande*; stipules oblongues glabres en dessus, pubescentes glanduleuses en dessous, les supérieures dilatées, oreillettes dressées, bordées de glandes; pédoncules *hérissés de longues pointes sétacées glanduleuses*, munis à leur base de bractées ovales acuminées tomenteuses et couvertes *en dessous de glandes fines brillantes* et bordées de glandes pédicellées, plus longues que les pédoncules; tube du calice *globuleux hérissé de pointes sétacées robustes terminées par une glande*; sépales hérissés et couverts de glandes, 2 entiers, 3 offrant 1 ou 2 lobes, appendiculés au sommet égalant la corolle; styles velus; pétales d'un beau rose *ciliés glanduleux à la base*; fruit *très gros*, globuleux, hérissé, *violacé rougeâtre*, couronné par les sépales du calice persistants, connivents. — Juin. Région des montagnes. — *Bas-Rhin*, Haies à Hagueneau (Billot); — *Loir-et Cher*, Spont? Les Montils (Franchet).

La Mothe d'Insay, près Mehun-sur-Yèvre, 7 avril 1861.

ALFRED DÉSÉGLISE.

Lu en séance de la Société Académique, le 8 mai 1861.

NOTE.

Pendant l'impression de ce Mémoire, nous avons reçu le *Catalogue des Plantes vasculaires des environs de Genève*, par M. Reuter (un vol. in-12, 1861), ouvrage digne de la réputation de son savant auteur, et dans lequel les botanistes seront heureux de trouver le signalement de plusieurs plantes nouvelles ou litigieuses. A la page 72, le *Rosa Pugeti* décrit ci-dessus (nº 71), figure sous le nom de *R. fœtida* Bast. Il suffira de comparer la description du *R. Pugeti* avec celle du vrai *fœtida* (nº 93) pour s'assurer que l'espèce de Suisse est très différente de celle de l'Anjou. Il faut donc ajouter au *R. Pugeti*, comme synonyme, *R. fœtida* Reut. Cat. excl. synon.

A. B.

(Extrait des Mémoires de la Société académique d'Angers, 10e volume).

Angers, imp. de Cosnier et Lachèse.

www.ingramcontent.com/pod-product-compliance
Ingram Content Group UK Ltd.
Pitfield, Milton Keynes, MK11 3LW, UK
UKHW021054260726
13994UKWH00002B/532